国家重点研发计划项目"城市供水和排水管网病害智能诊断关键技术与装备"(编号：2022YFC3801000)

市政供水排水管网更新改造与提质增效典型案例集（2024）

住房和城乡建设部科技与产业化发展中心 ◎ 组织编写

中国建筑工业出版社

图书在版编目（CIP）数据

市政供水排水管网更新改造与提质增效典型案例集.
2024 / 住房和城乡建设部科技与产业化发展中心组织编
写. -- 北京 : 中国建筑工业出版社, 2025.4. -- ISBN
978-7-112-31002-9

Ⅰ. TU991.36; TU992.4

中国国家版本馆 CIP 数据核字第 20253E4W08 号

责任编辑：胡明安
责任校对：张惠雯

市政供水排水管网更新改造与提质增效典型案例集（2024）
住房和城乡建设部科技与产业化发展中心　组织编写
*
中国建筑工业出版社出版、发行（北京海淀三里河路9号）
各地新华书店、建筑书店经销
北京光大印艺文化发展有限公司制版
临西县阅读时光印刷有限公司印刷
*
开本：787毫米×1092毫米　1/16　印张：14½　字数：266千字
2025年5月第一版　　2025年5月第一次印刷
定价：**135.00**元
ISBN 978-7-112-31002-9
　　（44581）

版权所有　翻印必究
如有内容及印装质量问题，请与本社读者服务中心联系
电话：(010) 58337283　　QQ：2885381756
（地址：北京海淀三里河路9号中国建筑工业出版社604室　邮政编码：100037）

本书编委会

主任委员：张　峰

副主任委员：梁　洋

主　　编：林文卓

参编人员：廖宝勇　孔　非　丁　强　沙月华　封　皓
　　　　　吕　远　潘　赛　董　虹　逯仲森　夏庆祥
　　　　　秦庆戊　张　宁　张　莹　郭延凯

主编单位：住房和城乡建设部科技与产业化发展中心

参编单位：安越环境科技股份有限公司
　　　　　北京北排建设有限公司
　　　　　铜陵首创水务有限责任公司
　　　　　五行科技股份有限公司
　　　　　天津精仪精测科技有限公司

前言

市政供水排水管网是城市的重要基础设施，是保障城市正常运行和健康发展的"生命线"。经过多年建设投入，我国城市市政供水排水基础设施建设取得了巨大成就。截至2023年底，全国城市供水管道115.3万km，排水管道95.2万km，城市供水普及率达到99.4%，生活污水集中收集率73.63%，污水处理率98.69%。供水安全保障、污水收集处理能力显著提升。但也面临着市政供水排水基础设施老化、老旧管网渗漏、设施运行效率和效益有待提高、管网建设改造相对滞后、投资不足及极端天气冲击等挑战。特别是我国部分管道因建设年代久远，老化问题比较突出，供水管"跑冒滴漏"，排水管"外水入渗、污水外漏"现象时有发生，导致资源浪费，环境污染，影响城市公共安全，制约城市基础设施高质量运行。

党中央、国务院高度重视城乡基础设施建设工作，提出全面提升城市品质，实施城市更新行动，推进城乡基础设施补短板，增强城市基础设施安全韧性能力，提高基础设施运行效率。党的二十届三中全会提出要加强地下综合管廊建设和老旧管线改造升级，深化城市安全韧性提升行动。深入推进城市生命线安全工程建设，持续实施地下管网建设改造将是当前和今后一段时间城市市政基础设施建设的重大需求和重要工作之一。

市政管网更新改造工程复杂、难度大，需要用系统方法去解决问题，包括统筹排查摸清家底，做好管网检测评估，合理选择更新改造方案，强化工程质量管控等，保障管网更新改造效果。此外，应建立常态化长效运维机制，加强日常巡检和专业化养护，积极推动管网智慧管控平台建设，以数据融合驱动管网运行监测和业务分析，为水务企业决策分析提供智能化辅助，赋能管网高效运行。

为展示管网更新改造典型案例，总结推广先进建设经验，住房和城乡建设部科技与产业化发展中心开展市政供水和排水管网更新改造和提质增效典型案例征集和编写工作，遴选了漏损一体化管控平台建设、供水管道内检测与漏损监测预警、污水管网系统综合治理、老旧管道非开挖修复等方面的 15 项典型案例予以集中展示，以期能为各地老旧供水排水管网更新改造实践提供参考。

本书能够顺利编写并正式出版，感谢所有案例参编单位的配合和支持。由于编者水平有限，书中不免有疏漏与不妥之处，恳请各位读者批评指正。

目录

— 供水管网 —

1. 合肥市供水管网智慧化管理建设 …………………………………… 002
2. 铜陵市政供水管网 DMA 和 NMA 融合漏损控制和效能提升项目 ………… 016
3. 临沧市临翔区供水管网智慧管理系统建设 …………………………… 034
4. 邵东市邵东段供水管道内检测与监测工程 …………………………… 052
5. 上海市普陀区北石路（大渡河路—曹杨路段）DN1200 给水管水平定向钻非开挖穿越工程 …………………………………………………… 070
6. 上海兰州路供水管道紫外光原位固化非开挖修复工程 ……………… 081
7. 上海河南南路 DN1000 给水管道原位热塑成型（FIPP）非开挖修复工程 …………………………………………………………………… 095
8. 哈尔滨南岗区哈平路—马家沟老旧管道翻转式原位固化法非开挖修复工程 …………………………………………………………………… 104

— 排水管网 —

9. 江西省鹰潭市信江新区污水管网系统提质增效项目 ………………… 114
10. 南昌市小蓝经济技术开发区排水管网综合整治工程 ………………… 129
11. 珠海白石涌流域综合治理项目 ………………………………………… 152
12. 北京通久路（大红门地区十一号路—成寿寺路）污水管线改移项目——管线防渗加固工程 …………………………………………… 167
13. 厦门市筼筜湖纳水管水泥基材料喷筑法修复加固工程 ……………… 183
14. 深圳市龙岗河流域箱涵高密度聚乙烯内衬垫（垫衬法）修复工程 …… 193
15. 淄博市孝妇河中水管道螺旋缠绕内衬修复补强工程 ………………… 210

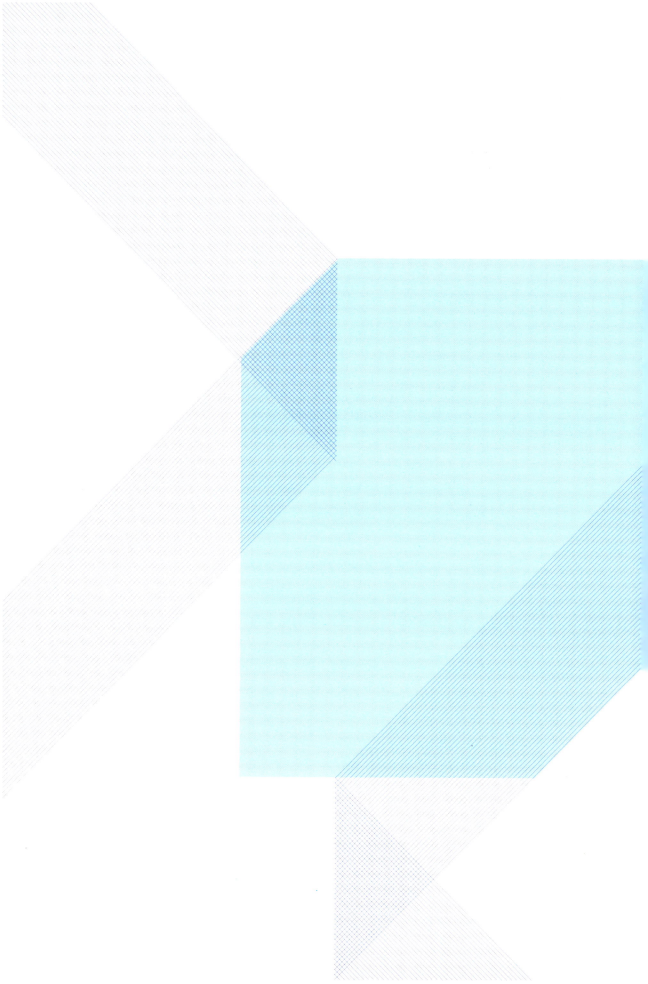

供水管网

1 合肥市供水管网智慧化管理建设

1.1 项目概况

合肥市下辖 4 个区、4 个县，代管 1 个县级市，总面积 11445km²，常住人口为 1000.2 万人，城镇化率 86.38%。合肥水务集团有限公司（以下简称合肥水务集团）是合肥市主要的市政供水企业，始建于 1954 年，为市属国有独资大型企业，主要承担合肥市区和巢湖、肥西、北城等区域的供水保障与服务工作。截至 2023 年底，合肥水务集团下辖制水厂 9 个，日供水能力 303 万 m³，直径 75mm 以上供水管网总长 11683km，用户 316 万户，服务面积 897km²。合肥市供水管网 GIS 展示图如图 1-1 所示。

合肥市供水管网智慧化管理建设项目依托 ArcGIS 平台，构建了集"C/S 端基础平台+B/S 端业务平台+M/S 端移动平台"于一体的综合运行模式，已录入 DN75 以上市政管网数据总长达 11277km。项目通过构建 7 级巡检大循环、重要设施小循环的精细化运维体系，覆盖日常巡检、科学调度、漏点识别、漏损控制、风险预警、错峰供水等功能，实现了管网数字化移交、智能化运营、智慧化管控。此外，依靠企业数据中心进行数据挖掘，打通了数据壁垒，促进了数据的共享互通。并基于这些数据开展了水力建模与预测分析，选取北城区为试点，构建错峰供水模型；选取滨湖新区为试点，构建水力模型，为更好地提升供水系统的运行效率与服务质量提供了实践经验。

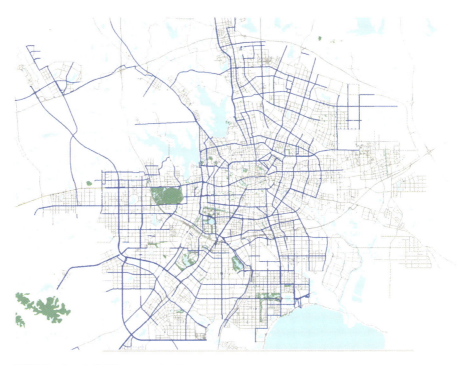

图 1-1 合肥市供水管网 GIS 展示图

1.1.1 建设需求

(1) 在满足用户需求的前提下稳定供水压力,进一步提升管网服务效能,助力服务品质再升级;

(2) 在保障供水水量足、水质优的前提下,通过优化调度有效降低能耗、物耗;

(3) 在保障供水能力、做好服务保障的前提下,有效减轻管网巡检强度,降低操作难度,减少人力成本;

(4) 运用技术手段,进一步识别漏点,提前预警,降低漏损。

1.1.2 建设目标

(1) 科学优化调度,保障城市供水安全。供水安全涉及全体合肥市民的饮用水安全,是最为基础的民生保障之一。智慧管网首要目标就是实现水压足、水质优,保障市民喝上放心水、优质水。

(2) 实时感知管网状态,有效消除潜在风险。全方位感知原水、制水、管网输水、二次供水等供水全流程状态,实时监测压力、流量、水质等各项供水指标,通过智慧管网及时预警发现可能存在的漏水、局部压力异常、水质不达标等不利情况,及时协调相关单位和部门进行处置,有力消除各类风险因素。

（3）融汇供水大数据，深度挖掘数据价值。通过智慧管网将多年积累、梳理的海量供水数据，融会贯通，打破数据孤岛，深度挖掘数据价值，提升各项传统业务。

1.2 技术方案

合肥市供水管网智慧化管理建设将大数据、云计算、物联网、工业4.0、5G、人工智能等新一代信息技术有机地结合起来，创新开发供水信息化框架和模型。在城市供水管网设施数据的基础上，融合供水生产、运营业务等数据，建立供水管网信息管理应用群。智慧管网通过建设数据中心，建立供水信息化标准，融汇供水管网及附属设施地理信息数据、管网维护数据、SCADA在线监测数据等一系列信息，实现供水管网智慧化管理，使供水企业能实时感知掌握城市供水关键过程的运行状态，及时进行科学调度处置。智慧管网建设为各级管理人员提供有力的信息支持，大幅提高城市供水管理人员的工作效率和决策的准确性与科学性，提升供水企业管理精细化、服务标准化、生产智能化水平。项目总体技术路线如图1-2所示。

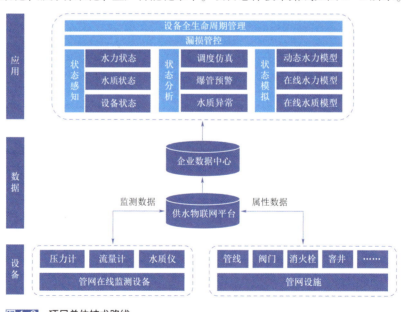

图1-2 项目总体技术路线

建设内容：

（1）供水管网信息系统。基于ArcGIS平台，搭建形成"C/S端基础平台+B/S端业务平台+M/S端移动平台"的运行模式，实现以业务为导向，以数据为抓手的深度融合。将空间图形和属性特征的基础数据均纳入系统进行管理，实现了供水区域内管网信息的分层收集和动态更新。

C/S端基础平台具有管网编辑、数据管理、任务管理、管网分析、统计分析等功能。录图员根据工程竣工验收资料在供水管网信息系统内划定区域子版本录入数据，审图员复审无误后上传系统，形成根版本最终数据。数据录入-审核机制保证了工程数据准确性，为工程施工后的数据信息闭环管理提供支撑。

（2）供水管网设施运维管理系统。以供水管网信息系统数据为基础，B/S端业务平台与M/S端移动平台相结合，以管网运行维护需求为导向，通过消火栓管理、阀门管理、巡检管理等多个模块，实现管网设施的信息化管理。

供水管网巡检是发现问题的重要途径，供水分公司利用巡检管理模块编制巡检计划，可分级管理签到点：按照一级每天1~2次或24h现场看护，二级按周，三级按半个月，四级按一个月，五级按两个月，六级按半年，七级按一年，构建7级巡检大循环。结合巡检的区域、路线和对象，指定巡检人员，自动派发巡检任务，确保各类供水管网设施养护全覆盖。每位巡检员配有移动终端设备，利用定制开发的巡检模块，自动记录巡检轨迹，完成巡检任务。如果巡检过程中发现管网隐患，可直接形成维修工单，实现闭环管理。"网页端巡检计划编制，手持端巡检任务执行，全程巡检路线可追溯"的管网巡检模式，提高了管网巡检养护的工作效率，实现了分区域的精细化管理，成为供水分公司管网设施管理的重要抓手。管网巡检签到界面如图1-3所示。

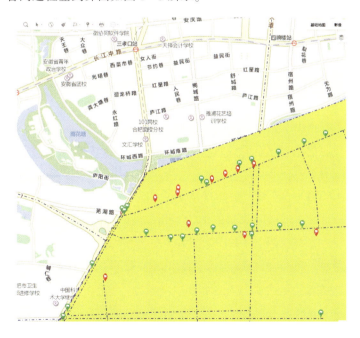

图1-3　管网巡检签到界面

针对用户报装接水需求，相关部门外业踏勘人员可通过手持端快捷查询现场管道走向、口径、材质等信息，拟定可接水位置和设计方案。相较于以往需要调阅纸质图纸和多方咨询的方式，大大压缩了时间成本，提高了业务效率和用户满意度，供水管网设施运维管理 M/S 端如图 1-4 所示。

依托于供水管网设施运维管理系统，开发计件制工单项目和抢维修工单模块。目前，项目模块运行平稳，并持续优化改进。工单计件制是在供水服务基础上推出的新举措，能够激发一线员工主动服务、优质服务的积极性，提升供水服务质量。抢维修工单旨在解决外协单位的各类业务需要，通过信息化手段进一步规范工单管理，符合供水分公司及供水抢修（服务）中心业务的发展方向。

图 1-4　供水管网设施运维管理 M/S 端

（3）"水联网"系统。采用"感、传、知、用"四层架构，运用以太网、无线网络、移动网络及窄带物联网等通信技术，全面监测原水、制水、出厂水、管网水、用户终端用水状态，打造全面感知、实时监控、及时响应的"水联网"体系。

（4）分区计量管理平台。以供水管网信息系统数据为基础，结合漏损管控需求，实现了从原水、出厂水、到供水分公司内部网格、小区分区计量水表，直至用户水表流量计的全方位数据接入，建立起"三级分区六级计量"的漏损管理体系。

各供水分公司总计管理近 268 万户市民的水量信息，通过平台的综合展示、分区管理、大用户管理、水平衡分析、夜间最小流量分析等功能，及时排查和维修，降低漏损率。分区计量管理平台如图 1-5 所示。

（5）供水调度指挥平台。集成了 1 座水源厂、8 座制水厂（含原水泵房）、8 个加压站、87 个一级压力监测点、71 个在线水质监测点等关键节点的实时监测数据，可实现地图标签、柱状图、折线图、报表等多种形式展示功能。供水调度指挥平台如图 1-6 所示。通过"供水一张图"、实时监控、工艺流程图、日志管理、调度指令、统计分析、报表管理等模块，调度人员可实现生产运行的监控、调节、管理、分析等操作。通过平台发布调度指令、相关单位和部门接收并执行的方式，辅助调度指挥中心发挥一级调度职能，保障调度指令有效落实和及时反馈。

图 1-5 分区计量管理平台

图 1-6 供水调度指挥平台

调度指挥中心是一级调度，协同调度指挥制水生产、重要阀门调节、抢修抢险等事务，从全局的角度保障安全供水。各水厂、抢修班组等相关单位、部门为二级调度，按照调度指挥中心的统一部署，结合自身实际情况，安排和执行调度指令，并及时反馈执行情况，保障调度指令有效落实。不同层级人员看到定制化信息，所见为所需、所用，界面简洁、直观。调度决策产生后，通过指令的形式直接下达到相关单位。指令的产生、下达、接收、确认、执行、回复、评价等流转全过程均记录备案。

发生爆管等重大管网事件时，通过5G布控球回传抢修现场画面确定故障点附近的人员和车辆分布，并通过爆管分析得出关阀方案并预测可能受影响的用户。调度指令直接下达到具体抢修人员，提升传达效率，确保调度指令严格执行，迅速止水、及时维修，极大地提高了应急处置能力。

建立涵盖原水、出厂水、管网水、二次供水泵房的全面水质管控体系。项目在省内首次实行班组、水厂、水质检测中心分级检测管理模式，出厂水浊度指标由 0.3NTU 提升至 0.2NTU；545 台水质仪表 24h 在线，实现水质安全双保险；管网总计布设 71 个在线水质监测点，实现了对余氯、浊度、pH 的实时监控、预警，一旦发生水质报警立即分级发送短信到责任人手机，实现对水质事件的提前干预，全方位保障居民用水安全。

（6）水力模型。以滨湖新区等试点区为覆盖区域，收集汇总大量压力、流量数据，在数据清洗、平滑处理后导入模型平台，经过拓扑检查、拓扑简化、运行数据和验证数据绑定、水量分配等步骤后，构建了一套包含 1 座水厂、6 台水泵、18765 个节点、19346 根管段、5012 个阀门、194 个消火栓、1035 只水表的水力模型。滨湖新区水力模型如图 1-7 所示。该模型具备压力计流量计校正提示、监测阀门启闭状态、提升 GIS 数据准确性等功能。

图 1-7　滨湖新区水力模型

（7）二次供水泵房远程监控联动系统。通过转变二次供水管理模式，把二次供水班组下放至各区供水所，统一服务规范，设置服务标准，做好二次供水服务。建立二次供水管理信息档案，从日常巡检维护、服务工单处置、维修及时率、技术改造升级、季度水箱冲洗与消毒、季度水质检测与月度自检、远程控制与安全防范等多个方面着手，不断提升二次供水管理水平。

为了更好地保证二次供水安全，在 2016 年，合肥水务集团按照防恐、防破坏、防投毒的要求，将二次供水防恐远程监控细分为设备监控模块、安全防范模块、远程管理系统三大板块进行建设，进一步提升二次供水服务水平和保障能力。当二次供水泵房出现非法入侵时，系统将第一时间向值班人员发出声光报警，实时弹出泵房监控画面。值班人员通过视频画面发现突发情况（如投毒、破坏）时，可以远程控制二次供水泵房机组停机，避免发生重大安全事故。

（8）城市生命线安全运行监测系统。近年来，合肥在全国率先提出并建成城市生命线工程安全运行监测系统，有效防范城市基础设施安全事故发生，并探索出以场景应用为依托、以智慧防控为导向、以创新驱动为内核、以市场运作为抓手的城市安全发展新模式。在供水专项中，投入流量计171套、压力计223套、应力计24套、漏损监测仪897套、PCCP断丝监测系统等共计1325套前端感知设备及配套监测分析软件平台。通过城市生命线工程安全运行监测，供水设施的监测数据在屏幕上实时更新，按照"红、橙、黄、蓝"四色可视化展示安全风险空间分布，隐患点清晰可辨。建立7×24h值守制度，根据监测系统自动报警提醒，值守人员第一时间发现险情并利用专业研判模型，及时推送风险警情和安全隐患分析报告。在关键技术方面，研发"精细前端感知、精准风险定位、预警协同联动"等技术，研发供水管网检测智能球，实现25km范围内泄漏的精确定位，精度可达1m。

（9）卫星探漏技术。利用长波卫星拍摄合肥市域内600km^{2}的面域，经过系统解译及供水管线嵌套，初步发现疑似漏点区域POI（150m半径）1351个。自2023年3月至5月，共勘察722个疑似漏点POI，发现漏点210处，卫星拍摄结合地面探查，整体检出率29.1%。依托该技术，探漏方式从过去大范围的盲检优化为初步发现150m半径疑似区域，再结合地面探查的模式，大幅提高了探漏效率，切实降低管网漏失水量。

（10）错峰供水技术。用户用水量在每个自然日的24h内具有明显的规律性，因此以单日为尺度，进行整体错峰调度，以调整供水压力、降低能源消耗。其主要方法是建立数学优化模型，以水厂水泵压力变化的方差作为优化目标，以所辖小区泵房设备流量控制装置的数据作为决策变量，求解最优流量控制策略。

（11）数据中心。通过全面统筹梳理、调研集团公司各类数据资源，结合相关国家、行业标准，打造一套符合合肥供水特色的数据标准规范，建设数据资源库及数据共享交换平台，进一步加强数据共享交换能力，为提升服务质量、提高管理水平提供支撑。

1.3　实施情况

1.3.1　技术难点

（1）智慧管网系统涉及业务系统多、数据格式杂，多源异构数据处理能力有限，数据共享交换能力较弱；

(2)供水调度依赖人工经验，采集数据规律性研判难度大，没有积累算法学习算例；

(3)漏损控制没有可靠数据和技术为抓手，因模型参数复杂、缺乏数据资料以及自然环境等不确定因素，导致模型判断漏点精度低。

1.3.2 实施过程

(1)管网摸底调研

合肥水务集团主要承担合肥市区和巢湖、肥西、北城等区域的供水保障与服务工作。为全面了解辖区内供水管网情况，针对人工普查较难发现的孤立点、孤立管线、重叠管线、虚接管件等拓扑结构缺陷构建模型，对导入的管网 GIS 数据进行全面拓扑检查。例如，在滨湖新区水力模型构建过程中，发现孤立点 4102 处、孤立管线 100 条、重叠管段 65 条、未与市政管线连接对象 718 个。总结建模经验，根据数据应用参与度制订层次化的质量要求和考核评价等级。首先针对性解决突出问题，保证数据的全面性、准确性、及时性。其次力求在目前评价基础上，从精确性、关联性、应用性等多个维度提升数据质量。

(2)设备校核调试

通过比对监测数据与模拟数据，分析误差原因进行管网模型校验，能够发现阀门开度状态不准、计量和监测设备不准等情况。模拟管道水流方向如图 1-8 所示，由分公司现场校核后反馈至指定系统，不断提高模型可靠度。

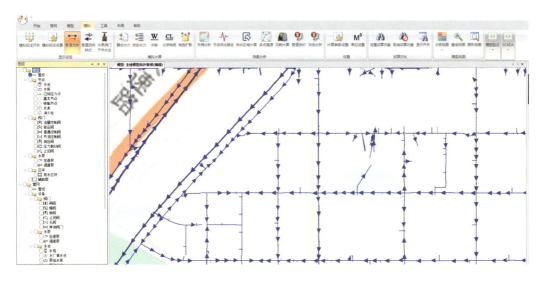

图 1-8 模拟管段水流方向

在滨湖新区模型精度校核过程中，共发现1处流量计数据采集问题、错误阀门开度6处。例如，对各压力监测点数据进行模拟试算过程中，发现调度压力点各个时段压力模拟值均比实测值高2m左右，存在恒定误差，排除相对高度误差后，判断可能是调度点数据采集存在问题。更换压力传感器模块后，新采集数据与模拟数据基本吻合，确认原压力模块存在偏差。根据此结果举一反三，开展对调度测压点的抽样比测和校正工作，同时对接生产部、供水分公司推动在线压力监测点日常检定制度的落实。

通过水力模拟，能够辅助调度中心理清阀门开度信息，判断当前阀门开关与已知状态是否有差异，及时做出调整；并指导供水分公司现场作业调控，减小局部水头损失，在一定程度上降低能耗。例如，"宿松路与紫云路东南"与"宿松路与紫云路东北"压力监测点分别在马路两侧，下游250m处相连通，根据计算，测压点压力应近似相等，但"宿松路与紫云路东北"比"宿松路与紫云路东南"的监测压力平均高出2m，因此"宿松路与紫云路东北"DN300流量计之后存在异常水损，初步判断有未全开阀门。管理单位核查发现下游管线一主控阀门仅开启五圈，处于异常控制状态，后续采取阀门全开操作，解决了此处水损异常问题。在水力模型中按实际情况调整阀门状态后压力拟合情况示意图如图1-9所示，调整后压力模拟值与实际值基本吻合。

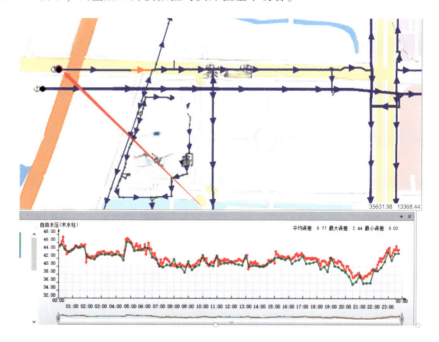

图1-9 调整阀门状态后压力拟合情况示意图

(3) 设备功能优化

随着合肥市城镇化建设进程加快，城镇供水管网最小服务水头已无法满足高层建筑的用水需求，改进二次供水方式在城镇化进程中显得尤为重要。为解决供水高峰期水厂供水能力不足、区域缺水现象突出，供水低峰期水厂供水能力过剩、供水能力无法充分利用等痛点，二次供水泵房采用错峰供水技术，减少了高峰期抢水现象。研究的核心内容是节能错峰智慧供水算法，分别为：泵房机组用水量预测、管网运行变量间关联性研究以及供水管网整体错峰调度。

泵房机组用水量预测算法是节能错峰能否有效调度的前提。该算法以泵房机组为研究对象，以历史数据为学习样本，以实时反馈为调整依据，以深度学习为模型框架，采用离线和在线结合的方式，预测机组单位时间内的用水量。

在节能错峰供水系统内能够起到调蓄作用的只有各小区节能错峰设备，而此设备的流量控制装置是调蓄调度的唯一可变变量。为设计合理有效的错峰调度算法，需对系统内各变量间关系进行定性分析和定量试验。研究管网运行变量间的关联性，等同于建立涵盖系统内各变量的水力计算模型，包括平衡态水力计算和动态水力计算。

鉴于用户用水量在每个自然日的 24h 内具有明显的规律性，因此研究单日尺度的整体错峰调度算法为对象。使用数学优化模型：将水厂泵压力变化的方差作为优化目标，将所辖小区泵房设备流量控制装置数据作为决策变量，将任一时刻总流量不大于水厂泵的最大工作流量作为约束，结合用户用水量预测算法和水力计算模型，迭代求解最优流量策略。

以合肥市北城区 9 个小区作为项目试点，北城区试点应用后实现错峰电量约 4.745 万 kWh/年，高峰期缺水用户降低 50%~70%，有效延长水厂水泵使用时间 15%，其产生的综合效果相当于 1000m^3 的清水库。

(4) 数据采集共享

针对智慧管网系统涉及业务系统多、数据格式不统一，数据共享交换能力急需提升等问题，通过对业务系统和部门进行调研，在借鉴相关行业标准的基础上，形成合肥供水涵盖数据分类、数据编码、主数据、元数据、数据采集、数据存储、数据交换、数据管理的八大标准规范。归纳总结信息数据一级分类 13 个，二级分类 48 个，元数据实体 90 个（元素 417 个），主数据实体 15 个，数据编码标准 18 个。目前，数据中心已采集数据 2 亿条，已治理并存储数据 8334 万条，已具备 7540 万条数据共享能力，共享至表务系统 1200 万条、管网运维系统 200 万条、超定额累进加价系统 1000 万条、合肥市数据资源局 6029 万条。现已向市数据资源管理局、纪律检查委员会、国有资产监督管理委员会、不动产登记中心、文明办、包河区政府、巢湖管理局等外部单位共享数据，使用效果良好。

1.4 建设效果及创新点

1.4.1 水质安全保障

通过智慧管网项目建设等信息化手段多措并举，有力保障了居民饮用水水质安全，提高了供水可靠性。利用管网水质模型，综合分析管网末梢水质，及时进行管道冲洗；结合先进算法，进行污染物扩散模拟，应急演练可能出现的管网水质污染事件；在出厂水水质方面，运用智能加药算法，在确保出厂水水质合格率常年保持100%的基础上，不断优化加药管理，合理节约药耗；在管网水质方面，布设了71个在线水质监测点，实时监测浊度、余氯、pH等水质指标，一旦出现水质超标等异常情况，调度指挥平台立即报警，分公司水质负责人员现场排查处理，及时恢复水质。

1.4.2 经济效益

(1) 节能降耗

本项目通过对水厂、二次供水泵房的改造升级，尤其是科学优化调度算法、能耗分析算法的研究，有效降低了制水、输水能耗。据统计，近年来合肥供水单位制水电耗始终保持在较低水平。2022年1—10月，生产过程中单位生产电耗为270kWh/km^3。

(2) 有效降低产销差

产销差是指供水企业提供给城市输水配水系统的自来水总量与用户用水总量中收费部分的差值，是供水企业经济效益的最直观体现，也是供水企业最难降低的硬指标。

供水调度作为城市供水系统的信息与控制中心，对取、制、供全流程进行监控、协调与指挥，实现管网运行状态的实时监测、预警、报警、分析，提升了管网信息化及科学调度管理水平，2019—2021年期间实施重大专项调度49次（DN1000及以上管网迁改、水厂投产、改造等），2019年开始实现低压区清零，为营商环境提供更加稳定、安全、优质的供水服务保障。

在2021年中秋假期夜间，调度人员监控数据发现经济开发区、肥西区域供水压力突降，该区域用户用水面临困难。根据现有信息研判推测漏水位置，并及时赶往现场传递信息、协助指挥，从发现异常降压到初判漏水位置仅用8min，从联系到实地查明漏点用时30min。为了降低抢修期间的供水缺口，减小对用户的影响，现场连夜开展管道冲洗，畅通并切换新的输水路径，第二日的供水早高峰期间成功补充近 90% 的水量缺口，极大地缓解了经济开发区、紫蓬山市民在中秋节假期间的用水困难，同时降低漏失水量，避免了周边厂房因管道漏水被淹的风险。

通过建立科学有效的管网漏损控制管理体系，使产、供、销各环节紧密相连。通过开展分区计量建设、提升检漏查漏水平、完善科学调度能力、推进信息平台整合等多项举措，2019—2021 年产销差率累计降低 3.29 个百分点，全国排名前列。

供水分公司聚焦辖区内供水管网管理，建立"三级分区、六级计量"的管理模式，通过捕捉每个分区流量的异常变化，实现对隐蔽漏点的"逐个击破"。运用钻探接触法、帕玛劳检测法、区域检漏法及压力法等多种全新检漏方法，大大提高了管网漏点定位效率，为有效降低漏损奠定基础。同时，有针对性地对供水管网开展夜间查漏，并结合 DMA 小区夜间最小流量分析，查找输水管网破损隐患，掌握漏点情况，发现问题及时维护抢修，以避免水资源浪费，保障居民正常生产生活用水。近年来，蜀山供水分公司累计检出各类漏点 3608 处，定位准确率达 99.8%，节约水量约 3400 万 m^3。依据供水管网设施情况划分为七个等级，依托巡检信息平台与手持机联合使用、电子签到、实时传输让巡检工作更加规范化、科学化、信息化，以高质量巡检保障管网设施设备安全运行。

近几年来，通过本项目的实施，结合多项数据分析、技术手段，合肥水务集团实现了产销差率、漏损率"双降"。截至 2022 年 12 月，漏损率 8.43%，相比于 2018 年降低 3.91%；产销差率 11.07%，相比于 2018 年降低 5.77%。

1.4.3 管理效益

（1）减员增效

对比国内先进水司，截至 2022 年 10 月，合肥水务集团累计年供水量达 55958.4 万 m^3，在职员工仅 2000 余人，这与合肥水务集团高度自动化的控制系统、高度信息化的管理体系是分不开的。智慧管网项目的投入使用，代替了很多重复的手工劳动，减轻了劳动强度，降低了出错率，有效降低了人工成本。

（2）有效减少低压区

供水管网低压区的存在，直接影响用户满意度。通过智慧管网项目的实施，实现了科学的供水调度、全面的水压监测、及时的抢修服务，消除了滨湖新区、经济开发区等区域的多处低压区，用户满意度明显提升。

（3）提高爆管抢修及时性、科学性

爆管会造成管网压力降低甚至停水，对居民正常生活带来极大影响。为此，合肥水务集团在全市管网上安装了 87 个一级压力监测点、71 个在线水质监测点，实时感知管网状态，优化调节管网压力分布，定期巡检管网设施，有效降低爆管风险。同时，科学辅助爆管抢修，分析给出最优关阀方案，实时回传现场画面，确保抢修响应最快、维修过程最短、停水/降压影响范围最小。智慧管网项目的实施，合肥市近年来大型爆管停水事件明显减少，市民用水安全得到有效保障。

1.5 结论

合肥市智慧管网建设取得了一定成效，为进一步提升项目效果，需要以下改进：

（1）增强监测的全面性。在供水监测能力方面，还存在信息采集站点内容不够均衡，布设密度和深度不能完全支撑供水精细化管理的要求等问题，设备的完好性、可用性和可靠性有待进一步增强和优化；

（2）加强决策支持的科学性。目前，系统功能大多以信息服务为主，主要满足日常管理需要，数据模型、辅助决策、统计分析等功能有待完善，使其满足调度决策、应急管理的需求；

（3）进一步完善在线水力模型。模型所需的基础数据通常需要大量的实地调查和监测。此外，还需要对这些数据进行处理，以适应模型的要求，耗费大量的时间和精力。模型所用的参数，例如粗糙系数、扩散系数等，校准过程复杂。在线水力模型运行需要大量的计算资源和实际算例，因此需要专业团队进行支持和指导；

（4）加强水务人才培养。智慧管网的建设和持续、健康运行迫切需要技术团队具备充足的业务知识和专业技能，因此要进一步扩大智慧管网人才队伍，改善人才结构，通过人才培养、引进和储备，建设一支觉悟高、服务意识好、业务能力强、技术过硬的技术队伍。

业主单位： 合肥水务集团有限公司
设计单位： 合肥水务集团有限公司
建设单位： 安徽舜禹水务股份有限公司、上海杰狮信息技术有限公司、上海三高计算机中心股份有限公司、清华大学合肥公共安全研究院
案例编制人员： 吴铭、程蕊、尹翠琴、刘畅、邓帮武、李广宏、邓卓志、姜帅、吴霞春

2 铜陵市政供水管网 DMA 和 NMA 融合漏损控制和效能提升项目

2.1 项目背景

铜陵市位于安徽省中南部，长江下游南岸，是皖江城市带的重要节点城市，下辖一县三区，包括枞阳县、铜官区、义安区和郊区，总人口170.6万人，总面积3008km^2。铜陵首创水务有限责任公司是铜陵市主要的市政供水企业，现有水源厂三座（新民水源厂、滨江水源厂、东城水源厂），供水厂4座（第一水厂、第二水厂、滨江水厂、东城水厂），11座大型区域性供水加压站，总设计供水能力52万 m^3/d，现供水量约42万 m^3/d。城市市政输配水管道总长约1800km，供水范围覆盖主城区、各开发区、周边乡镇。

2.1.1 管网概况

经过多年建设，铜陵城市供水管网已基本完善，形成了安全可靠的以环状供水为主，枝状供水为辅的管网系统。截至2022年，供水服务用户约30万户，城市供水范围已覆盖铜官区、郊区（和悦洲除外）、义安区（老洲乡、胥坝乡除外）。出厂水水质合格率为100%，城镇供水普及率达到99%以上，农村安全饮用水普及率达到98%以上。市政输配水管道总长约1800km，其中DN75及以上口径的管道长度约为1305km,主要敷设于绿化带、人行道、慢车道等区域,管材主要为球墨铸铁管、高强度螺纹钢管等,灰口铸铁管、混凝土管所占比重较小。供水管道建设年限在13年以上的占1.61%,5~13年的占65.21%,5年以内的33.18%,老旧管网总长约31km。供水管道在长期使用中,管材、阀门、接口和附件等损坏,再加上初期规划不合理、供水管网设施落后、缺乏有效管理维护等原因,加快了供水管网的老化和损坏。此外,由于铜陵地处丘陵地区,城市高低起伏落差较大,全市建有大中型供水加压泵站47座。

2.1.2 漏损现状

根据《城镇供水管网漏损控制及评定标准》CJJ 92-2016进行计算,铜陵市2016年供水漏损率为13.57%,2017年为11.96%,2018年为9.86%,2019年为9.45%,2020年为9.40%,2021年为9.39%,2022年为9.38%,2023年为8.8%。图2-1为铜陵市2016—2022年管网漏损率。

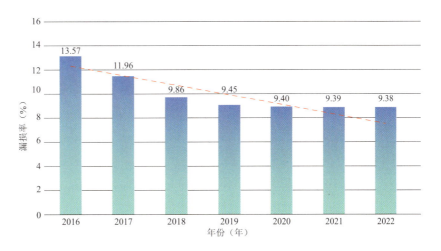

图2-1 铜陵市2016—2022年管网漏损率

漏损控制工作事关供水安全、水质保障、供水服务质量。铜陵首创水务有限责任公司以《国家发展改革委办公厅 住房和城乡建设部办公厅关于组织开展公共供水管网漏损治理试点建设的通知》(发改办环资〔2022〕141号)推进公共供水管网漏损治理试点城市通知为契机,围绕铜陵市推进供水管网漏损治理试点城市建设需求,主要从供水管网改造、供水管网分区计量、压力调控、智能化建设四大方面开展供水管网漏损治理,具体包括供水管网改造工程、老旧小区改造工程、二次供水设备更新改造、供水管网DMA(独立计量区域)计量管控系统和智慧管理建设、管网压力调控建设、加压站清水池漏损改造工程和信息化系统建设等 14 个子项目工程进行控漏建设，力争到 2025 年实现铜陵市管网漏损率控制在 7% 以下。

2.2 建设目标

本项目以实现有效管控产销差和降低漏损为目标，构建物联网统一管理平台，融合业务数据，整合 DMA 和 NMA（噪声计量区域），实现以远程智能物联网产品为点、计量区域为面、多种计量感知组合为纵深主线的立体式网格化漏损管理体系，依托漏损治理平台实现从漏点区域、到漏点管段的精准定位，进而构建"分区计量+漏损预警+智能巡检"的管网漏损预警-识别-维修一体化治理体系。

（1）分区资料梳理与分区建设

根据分区建设要求，梳理一级分区、二级分区和小区级分区需要的资料，主要包括 GIS 管网边界、现有的流量计、大水表和远传设备清单、分区内所有水表的清单、大用户清单等，为分区建设提供数据基础。根据 DMA 分区划分原则再结合铜陵市实际建设和管理要求等多方面因素，并尽量降低对管网正常运行的干扰，自上而下和自下而上同步进行，建立 DMA 分区和 NMA 分区体系，通过分区管理平台实时监控和优化供水管网的运行。

（2）数据融合与物联网感知

面对众多的软件系统和硬件设备，如何更好地融合、管理和应用，并在此基础上快速准确治理漏损，是目前漏损信息系统建设的核心问题。数据融合主要是将漏损管控平台需要的数据包含营业收费系统、GIS 系统、大表平台、小表平台、城市生命线业务系统以及其他物联设备平台等，按照业务逻辑和统一数据标准上传到数据中心，打通不同软件和设备之间数据壁垒，建立数据之间的关联，为漏损分析决策提供更可靠的依据。

针对 DMA 分区和 NMA 分区，配备智能水表、压力监测、远传设备、噪声听漏仪、智能小表等物联设备，实时感知管网运行状态，并将数据上传数据中心统一处理。

（3）构建 DMA 漏损管控平台

系统融合营业收费系统、水表采集系统、GIS 系统和噪声听漏等数据，利用大数据、人工智能、5G 和云计算等信息技术，从管理漏损、物理漏损和计量漏损三个层面诠释公司的漏损状况，AI 主动漏损预警和设备运行监控预警，工单派发和现场处置实现流程闭环管理。

2.3 建设内容

2.3.1 DMA 分区建设与 NMA 分区建设

铜陵市供水管网被划分为多个 DMA 分区（独立计量区域）与 NMA 分区（噪声计量区域），每个 DMA 分区安装流量计或者远传水表，以监测每个区域的供水情况。通过建立分区管理平台，系统自动将分区供水量与营收数据进行关联，从而进行漏损与产销差的分析。NMA 分区则根据每个分区的特点，部署不同数量的智能噪声听漏仪，基于流量和噪声数据进行漏损预警。

2.3.2 物联网平台建设

为实现数据的集中管理与共享，方便其他业务系统调用，通过采取"统一平台、统一接口、统一服务、统一存储"的标准化模式，建设物联网平台。物联网平台融合现有的大表厂家、小表厂家和城市生命线的物联设备数据，支持设备实时监测、故障管理和远程设置，实现设备统一管理和统一数据服务，并与其他业务系统进行有效对接，图 2-2 为物联网平台架构。

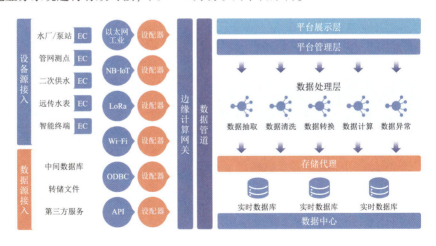

图 2-2 物联网平台架构

2.3.3 漏损管控平台建设

漏损管控平台将结合现有的营业收费系统、GIS 系统等，对供水管网漏损情况进行实时监控、预警和分析。并自动生成维修工单进行处置，实现漏损事件的流程闭环管控。系统还将提供详细的漏损分析报告，辅助管理人员科学决策，图2-3为漏损闭环管控流程。

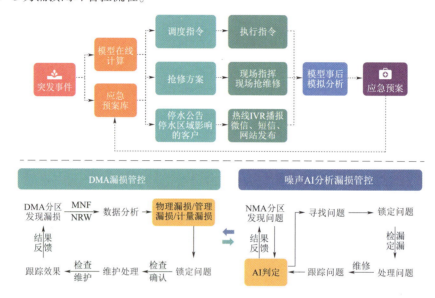

图2-3 漏损闭环管控流程

2.4 技术实施

2.4.1 DMA分区

DMA分区计量管理是控制供水水量漏失的有效方法之一。通过关闭阀门或者截断管道的方法，将供水管网分为多个相对独立的区域，并安装双向计量表具，对每个区域正反流量进行监测。通过对每个分区进出水量的实时监测准确判断漏损量，及时发现潜在的漏损问题并采取相应的修复措施。DMA分区原则如下：

（1）由最高一级分区到最低一级分区逐级细化的实施路线，即自上而下的分区路线；

（2）由最低一级分区到最高一级分区逐级外扩的实施路线，即自下而上的分区路线。

根据DMA分区原则再结合铜陵市供水现况、供水管网特征、运行状态、漏损控制现状、管理机制等实际情况，尽量降低对管网正常运行的干扰，自上而下和自下而上同步进行，把供水管网分为 3 个一级分区，10 个二级分区，337 个小区级分区，后续将根据管理要求再逐步建立三级和四级分区。图 2-4 是铜陵市一、二级计量分区划分示意图，一级分区分别为城北、城南和城东，城北分为 3 个二级分区、城南分为 4 个二级分区、城东分为 3 个二级分区。

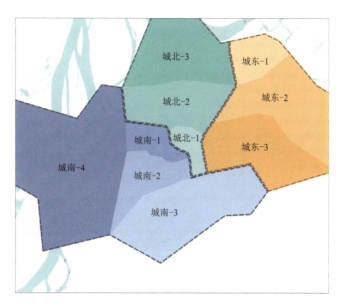

图 2-4　铜陵市一、二级计量分区划分示意图

分区现场安装流量计、超声波水表和 RTU 采集设备，用于压力和流量数据采集，如图 2-5 所示。

2.4.2　NMA 分区

NMA 是在 DMA 的基础上构建噪声监测分区。NMA 分区根据实际情况划分，可将一个小区级分区划分为一个 NMA 区域，也可将小区中重点控漏区域划分为 NMA 区域（图 2-6）。针对 337 个小区级 DMA 分区构建了 NMA 分区，现场部署智能噪声听漏仪，用于监测管网漏损情况（图 2-7）。

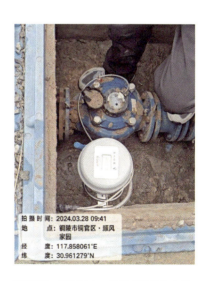

图 2-5　现场压力、流量采集设备安装

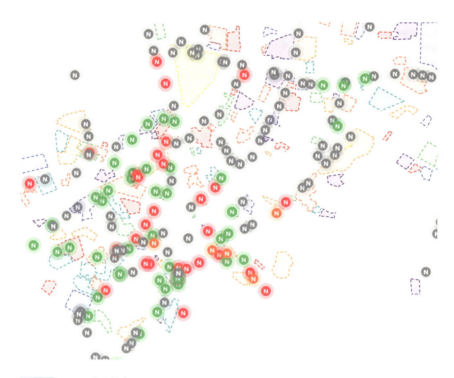

图 2-6　NMA 分区设立

图 2-7　噪声听漏仪安装布置

2.4.3　物联网平台

为实现对各类设备的统一管理与数据采集，建设物联网平台，图 2-8 为物联网平台功能界面。平台能够实时管理所有物联网设备（如智能水表、压力传感器、流量计等），并共享数据核心功能如下：

（1）设备总览：展示所有设备的实时数据，设备运行状态可视化。

（2）设备管理：支持设备的查询、激活与停用等功能。

（3）数据分析和统计：对设备采集的数据进行分析，生成报表，帮助管理者研判设备性能和管网健康状况。

（4）数据服务：提供标准化数据接口，支持与其他业务系统的对接，实现数据共享与协同管理。

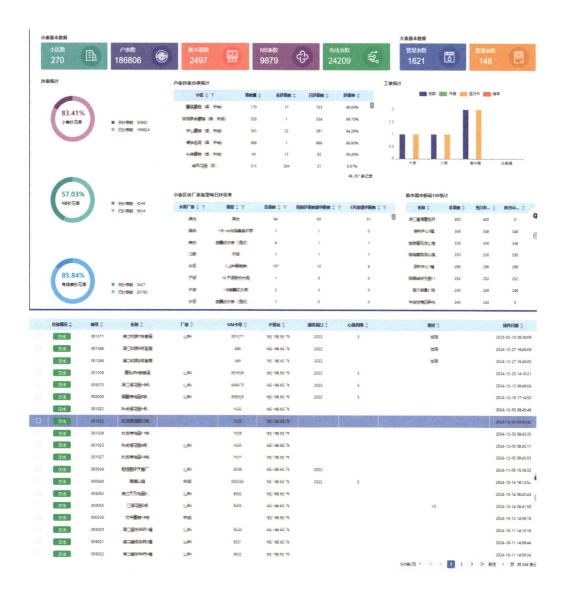

图 2-8　物联网平台功能界面

2.4.4　数据融合

将漏损管控平台需要的数据按照业务逻辑融合为数据中心，建立数据之间的关联，特别是融合现有的仪表厂家和城市生命线的物联设备数据，实现设备统一管理和统一数据服务，进行漏损和产销差分析。

数据融合主要包含营业收费系统、GIS 系统、大表平台、小表平台、城市生命线业务系统以及其他物联设备平台等。

（1）营业收费系统。获取客户信息、表卡信息、抄表信息、新增、拆换和注销水表信息。

（2）GIS 系统。获取管网地图、管网元素信息、DMA 分区信息和管网监测设备的定位及运维信息，其中 DMA 分区信息可进行编辑。

（3）大表平台。大表平台有和达、汇中和华信三个平台，通过 Web API 接口方式获取表具信息、水量信息和表具维护信息，并和营业收费系统建立关联。

（4）小表平台。小表平台有山科、翼迈和立信三个平台，通过 Web API 接口方式获取表具信息和水量信息。

（5）城市生命线业务系统。城市生命线业务系统主要包含消火栓和噪声听漏仪的数据采集，通过数据接口获得消火栓设备信息、压力信息、流量信息，噪声听漏仪设备信息和噪声文件。

（6）其他物联设备平台。主要是获取智能井盖、智能消火栓和噪声听漏仪的相关信息。智能井盖主要是获取设备信息、井盖的开度和位移信息；智能消火栓和噪声听漏仪获取的信息和城市生命线业务系统相同，并将这些信息共享给城市生命线业务系统。

2.4.5 漏损管控平台

漏损管控平台融合营业收费、水表采集、GIS 和噪声听漏等数据，从管理漏损、物理漏损和计量漏损三个层面诠释公司的漏损状况。漏损管控平台系统架构主要由感知层、网络层、中间通信层、数据层、支撑服务层、业务应用层和用户层构成（图 2-9）。

（1）感知层。包含大表流量监测、流量计流量监测、压力监测和其他需要接入的业务数据，如营收抄表信息、水厂信息等相关数据。

（2）网络层。分为无线网络层和有线网络层两类。无线网络层依托 GPRS、4G/5G/NB-IoT 等传输模式进行通信。

（3）中间通信层。主要承担采集设备在低功耗状态下与服务端高效的数据吞吐交换，根据规则引擎输出的内容进行下发命令和高速缓存。中间通信层也负责高效信息分拣和海量数据吞吐分发。不同的数据被业务处理模型分拣加工后发送给后端的规则引擎和计算引擎进行处理。

（4）数据层。负责所有监测对象、数据、信息、方案和统计分析结果的存储与管理、维护、转换、备份等功能，为整个系统提供数据管理支撑。数据中心包含监测数据、GIS 数据、基础数据、设备业务数据和多媒体数据等内容。

（5）支撑服务层。为本平台内部的各类相关应用系统和业务数据之间以及本平台与外部已有信息系统之间提供统一的、标准的、可靠的数据交换、共享功能。

（6）业务应用层。依托信息交换模块，建立起集中与分布式相结合的综合应用系统，建设内容包括平台端和移动端两大部分。为分区计量管理监管提供的辅助工具和技术手段。

（7）用户层。使用人员通过客户端、智能设备和移动设备进行系统访问和使用。

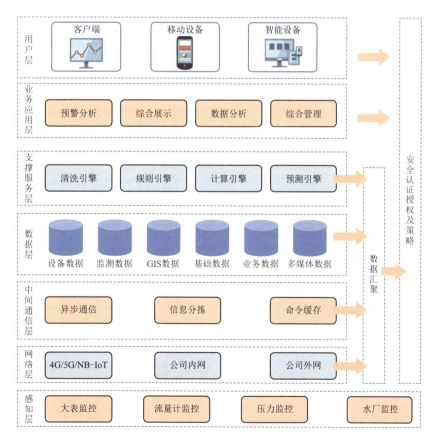

图 2-9　漏损管控平台系统架构

漏损管控平台具体功能如下：

（1）系统总览。采用大屏图表和 GIS 两种方式显示平台各项业务信息，主要包含漏损率、产销差、供水量、售水量、分区数据、预警等主要信息。

（2）DMA 分区管理。DMA 分区管理主要包含分区建立、供售水拓扑关系、分区拓扑图和分区查看等功能。其中分区查看从管理漏损、物理漏损和计量漏损三个维度对本分区进行分析。水量预测和夜间流量采用机器学习算法建立水指纹泳道，分析漏损情况，同时可以看到预警信息、检查记录、地图定位和月产销差曲线等信息。

（3）NMA 分区管理。NMA 分区管理主要包含 NMA 分区建立、智能噪声听漏仪部署、噪声听漏仪智能预警、噪声文件管理等功能。其中噪声听漏仪智能预警采集现场声音文件后通过机器学习算法自动判断是否存在漏点并告警，再通过现场核查的结果进行人工反馈不断完善判漏算法。

（4）表具设备诊断。平台采用水指纹 AI 算法，分析表具当前的运行状态是否正常。可以选择时间范围、水指纹的算法类型，设定 Q1、Q2、Q3、Q4 范围，查看表具的定位、流量曲线、数据、报警和工单等信息。

（5）系统报警。系统报警主要分为夜间最小流量（MNF）报警和事件汇总功能，通过 MNF 预警可以判断 DMA 分区存在漏损。事件汇总将平台所有的报警信息全部汇总展示，主要包含分区报警、远传设备报警和表具报警等信息。

（6）闭环工单管理。系统通过"机器学习主动发现漏损-现场处置-数据分析处置效果-结案"管理流程实现漏损事件流程闭环管控。工单的开始和结束都是以实际采集的数据为依据，尤其是评判现场处置效果，可查看流量数据和噪声听漏仪的判漏数据，依靠数据说话。

（7）统计报表。统计报表主要包含产销差分析、水平衡报表、分区日用水量报表、营收管理报表等内容。

（8）移动端应用。移动端应用主要包含分区数据浏览、分区工单处置、分区报警、产销差分析、GIS 信息、日供水概况、物联设备部署和查看等内容。通过移动端应用可以查看平台的数据，同时可以进行设备部署和工单处置。

图 2-10 为漏损管控平台界面。

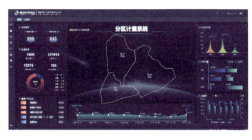

图2-10 漏损管控平台界面

2.5 设备选用

DMA 分区建设涉及的物联网设备主要包含电磁流量计、超声波水表、数据采集传输（RTU）设备和智能噪声听漏仪等。

（1）电磁流量计和超声波水表主要负责 DMA 分区流量和大用户水量信息采集，针对一级分区、二级分区采用电磁流量计，小区级分区考虑性价比采用超声波水表。

（2）数据采集传输（RTU）设备定期读取分区流量计和远传表流量数据，统一上传管理平台，实时监控水表、流量计状态。RTU 主要采用电池供电，具备 IP68 防护等级，可设置采集周期。

（3）智能噪声听漏仪通过底部强磁吸附到供水管道上，对管道的漏水噪声进行自动监测并上传至管理平台，通过人工智能和机器学习等先进技术主动预警，快速、高效判别管道上是否有漏点。智能噪声听漏仪还可以与 DMA 漏损管控平台融合进行精准判漏，达到持续控漏的效果。

1. 分区流量计选型

项目制订了流量计的选型原则，即具备安装条件的，优先选择管道流量计；口径 DN300 以上不具备施工条件的，可采用插入式流量计（多通道）；施工条件困难时选择外夹式超声波流量计；DN300及以下管径的流量计，采用管道式电磁流量计，同时安装伸缩节和法兰。

2. 数据采集传输（RTU）设备

数据采集传输（RTU）设备主要参数如下：

（1）供电方式：自带锂电池供电（可外接12～24V的电源），每5min发送一个数据时锂电池工作时限不低于1年，每2h发送一次数据时不低于3年，每6h发送一次数据时不低于6年。

（2）数据采集：可采集瞬时流量、正向累计、反向累计、压力数据，同时发送数据必须自带时间戳，并具有流量报警功能。采集频率：1min～24h；保存频率：1min～24h；发送频率：1min～24h。可设置采集保存发送频率，确保实现在线表计异常分析。

（3）兼容性与数据存储：能通过脉冲或RS-485接口等传输方式与水表/流量计通信采集数据，并兼容各种国产、进口品牌水表/流量计，同时终端要能够判断RS-485通信异常，便于现场维护。

（4）终端设备能离线存储一定时间段（每1h保存一次，工作时限不低于30d）的数据，在信号中断等故障排除后能够恢复中断期间保存的数据。

（5）远程设置：设备具有内置芯片，支持现场触发激活巡检机制。确保后续漏损管理的持续性，杜绝工程建设完成后，出现只建不管的漏损反弹现象。设备支持近场参数设置及远程设置两种模式。

3. 智能噪声听漏仪

智能噪声听漏仪采用电池供电、4G无线网络进行信号传输，并采用近场通信模式，具有及时告警、预警功能；结合智能表、远传终端、压力计等设备，与DMA管理有机融合主动寻漏。

2.6 实施成效

项目根据DMA漏损管控平台的分区预警信息，现场在关键节点部署噪声听漏仪，采用AI智能算法对采集的声音进行智能判断，以提高判漏的准确性。经过实践检验，噪声判漏的准确率达95%以上。项目通过DMA管控平台、物联监控设备以及AI智能算法，及时发现漏点124个，修复后主城区夜间最小流量降幅2.27%，全年节约水量约280万m^3。下面以两个小区为例说明小区漏损控制的实际工作和效果。

2.6.1 铜南苑小区漏损控制

铜南苑将小区总表接入平台后,系统巡查发现该小区夜间最小流量平均在 7.5m³/h,最高时达到 9.5m³/h,远超合理范围。根据 GIS 系统中小区的管网拓扑结构,部署智能噪声听漏仪 10 台,听漏仪部署点位如图 2-11 所示。

图 2-11 铜南苑智能噪声听漏仪部署点位

系统每日对听漏仪上报的声音数据分析判断,发现疑似漏点区域。如图 2-12 所示在 65 栋、48 栋等附近存在疑似泄漏点。通过现场精准定漏后,分别发现 48 栋、35 栋、65 栋和 28 栋四处漏点,并进行维修。

(a)　　　　　　　　　　　(b)

图 2-12 漏点维修

(a) 铜南苑 48 栋 PE63 束节漏水;(b) 铜南苑 65 栋 PE63 弯头、三通、束节漏水维修完成后小区夜间最小流量下降至 $4m^3/h$ 左右，与最高时相比，下降了 $5.5m^3/h$，预估单日可止损 $80m^3$，效果显著，铜南苑夜间流量变化如图 2-13 所示。

图 2-13 铜南苑夜间流量变化

2.6.2 花园新村小区漏损控制

漏损管控平台发现夜间流量问题，现场部署听漏仪，根据噪声自动预警发现多个渗漏点，分别位于总表附近、14 栋 DN100 闸阀、幼儿园附近 DN100 管道、新村内 DN200 铸铁管等位置。完成修复后，夜间最小流量从原来 $50m^3/h$，下降至 $7m^3/h$，止损 $43m^3/h$，单日预估止损达 $1032m^3$，图 2-14 为噪声听漏仪部署点位，图 2-15 为花园新村夜间最小流量变化曲线。

图 2-14 花园新村噪声听漏仪部署点位

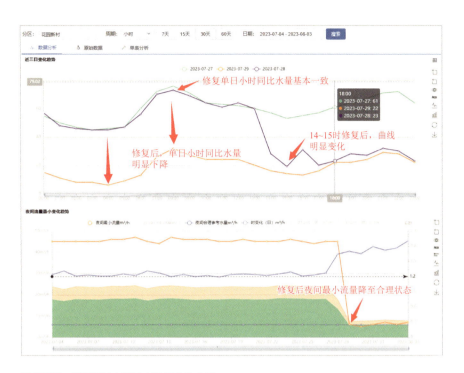

图 2-15 花园新村夜间最小流量变化曲线

2.7 建设效果及创新点

本项目通过 DMA 和 NMA 双链路机制，实现漏损的主动发现与精准定位。系统结合水指纹技术与噪声 AI 智能算法，不仅提高了漏损检测的精度，还优化了修复流程，缩短了漏损修复时间。同时，整个项目的漏损管理流程实现了从漏点识别、定位到修复和效果验证的闭环管理，确保了漏损治理的高效持续。项目建设效果及创新如下：

（1）数据有机融合。数据融合后，管理人员在漏损管控平台查看所有与漏损相关的数据，不需要再访问各平台查看数据，漏损数据分析更简单直观。数据融合的过程也是业务数据完善的过程，在实际操作过程中发现两个比较大的问题，一个是 DMA 远传表没有在营业收费系统中建档进行统一管理；二是小区名称命名不规范，导致和小区总表的对应关系出现混乱。这两个问题在数据融合过程中已经处理完成，保证基础数据的准确性。

（2）三体系漏损管控。漏损管控平台从管理漏损、物理漏损和计量漏损三个层次显示每个 DMA 分区的漏损情况，综合评价每个区域的漏损情况，根据每个区域的具体情况对症下药，保证各项措施取得较好的效果。管理漏损占比较大的区域可以从营销抄表和表务管理入手；物理漏损占比较大的区域可以采取管网听漏、查偷盗水、控压等措施；计量漏损占比较大的区域可以在加强水表检定、表生命周期管理和更换智能表等方面下功夫。

（3）利用 DMA 和 NMA 双链路机制，实现"主动发现-精准听漏定位-现场处置-数据分析处置效果-结案"闭环管理。漏损管控平台根据夜间最小流量数据运用机器学习等智能算法进行自动预警，第一时间发现潜在漏损，实现系统数据主动服务，并及时派发外业工单；外业人员接到作业工单，在小区 DMA 区域关键节点部署噪声听漏仪，采集声音数据。根据采集的声音数据，系统根据噪声智能算法自动锁定存在漏点的区域并预警；外业人员根据系统预警区域，采用智能听声杆等相关仪等设备进行现场漏点精准定位，生成维修工单，维修人员进行现场漏点维修；维修完成后，DMA 漏损管控平台分析夜间最小流量和噪声数据，发现无异常后，解除报警、工单结案。

整个过程利用物联网数据主动预警、精准定位，缩短漏点发现到维修完成的时间。

2.8 经验总结

针对项目建设难点，总结项目建设经验如下：

（1）DMA 分区建设。DMA 分区建设过程中的关键问题是基础资料是否准确。一是管网资料的准确性，二是分区内对应营收水表的关系，直接影响分区水量计算和预警的正确性。管网资料的准确性主要是通过现场查勘的方式确定管网分区边界和流量计的位置等信息。营业收费水表的对应关系通过各分公司资料及现场抄表查勘确认。

（2）AI 噪声智能预警。AI 噪声智能预警的关键问题在于准确率是否足够高。解决方法包括：第一是采集足够多的声音数据，不断训练模型；第二是聘请听漏专家根据经验判断 AI 学习算法预警是否准确，并进行人为干预，使 AI 学习算法越来越准确。

（3）闭环管理流程建设。闭环管理涉及多个部门工单联动，衔接上容易出现问题。需要先建立闭环管理流程，将相关的部门职能和工作融合到统一的管理流程中，从数据预警开始到数据验证结束，实现多部门和人员协同办公，数据共享，更好地推进漏损控制流程的开展。

业主单位： 铜陵首创水务有限责任公司

建设单位： 北京恒润慧创环境技术有限公司

案例编制人员： 丁强、徐银万、夏庆祥、郭文娟、朱象涛、文闻、吴怡庆、沈逸飞、吴哲

3 临沧市临翔区供水管网智慧管理系统建设

3.1 项目背景

临沧市位于云南省西南部,供水分枯水期及丰水期。丰水期时,市政供水管网压力约为 0.9~1.1MPa,时常出现爆管情况,但部分区域供水管网末端压力为 0.2~0.4MPa,存在用户无水使用的情况。枯水期时,市政供水管网压力约为 0.5~0.7MPa,供水管网末端压力为 0~0.3MPa。城市供水压力变化大,供水安全和可靠性面临巨大挑战。

临翔城市供排水有限责任公司(以下简称临翔供排水公司)是属临翔区人民政府直属的国有独资企业,始建于 1965 年,经过近 60 年的发展,企业已成长为集水库管理、自来水生产供应、污水处理一体化的承担社会公共管理职能的国有企业。企业肩负着临沧城 17.9km² 建成区内 19.53 万人的生产、生活用水供给和污水收集处理重任。

临翔供排水公司积极推进公共供水管网漏损治理工作,以硬件智能化、软件智慧化、管理精细化为目标,以摸清管网家底、加强感知建设、加大管网改造、开展系统部署、健全工作机制、强化队伍建设为实施路线,力争打造成为公共供水管网漏损治理工作的样板。

3.2 供水系统现状及存在的主要问题

3.2.1 供水厂现状

临沧市临翔区现建有三个水厂，分别为第一水厂（龙王庙水厂）、第二水厂（南京凹水厂）和第三水厂（邦留水厂）。

1. 第一水厂：设计规模 5000m³/d，采用重力供水方式，处理工艺为：原水──混凝反应池──蜂窝斜板沉淀池──过滤──清水池──用户。

2. 第二水厂：水源为中山水库，设计供水规模为 20000m³/d，处理工艺为：原水──混凝反应池──斜板沉淀池──虹吸滤池──清水池──用户。

3. 第三水厂（邦留水厂）：始建于 2008 年，于 2011 年投产，占地 5.7hm²，水源为铁厂河水库，设计规模 40000m³/d，处理工艺为：原水──混凝反应沉淀池──虹吸滤池──清水池──用户。

水厂总体情况如表 3-1 所示。

水厂总体情况　　　　　　　　　　表 3-1

序号	项目	单位	数量	备注
1	水源	个	1	大田
			1	中山水库
			1	铁厂河水库
			1	鸭子塘水库
2	原水输水管道	km	40.759	球墨铸铁管/钢管
3	水厂	座	1	设计规模 5000m³/d
		座	1	设计规模 20000m³/d
		座	1	设计规模 40000m³/d

3.2.2 管网现状

临沧市临翔区供水主管道长度总计 323.6km，市政供水管道统计表如表 3-2 所示。

市政供水管道统计表　　　　　　　　表 3-2

供水管道长度（km）（按管径分）	ϕ<DN75	46.10
	DN75≤ϕ<DN300	151.00
	DN300≤ϕ<DN600	110.50
	DN600≤ϕ<DN1000	16.00

续表

供水管道长度（km）（按材质分）	球墨铸铁管	59.87
	灰口铸铁管	4.36
	塑料管	128.18
	预应力钢筋混凝土管	2.85
	钢管	97.36
	镀锌钢管	4.88
	其他材质	26.10

3.2.3 供水管网系统存在的问题

1. 管道锈蚀老化，漏损严重

截至2021年，临沧市临翔区供水系统产销差为19%。临翔供排水公司尚未建立多层级水量传递体系，供水调度以水厂生产调度为主，缺少对管网运行基础数据的监控、分析。同时由于管网建设早，存在供水设施陈旧、管材质量不高、锈蚀严重等问题，管道爆管时有发生，存在各种形式的明漏和暗漏，导致水资源浪费严重，给供水水质水压达标带来了很大压力。

2. 管网监测点数目不足

水厂出厂数据、加压站数据以及管网运行数据监测点的总体布置数量较少，监测仪表少，不能有效地监控管网实时运行情况，不利于供水分析、计算及调度，不利于供水系统的安全高效运行。

3. 管网家底不清

城区管线复杂，加之原老旧管网管理混乱，现有的CAD管网图纸以市政主供水管为主，区域配水支管及庭院管网缺失，用水单位及小区进水开口不明，部分管线位置仅留存在个别老职工的脑海里。管网信息不完整，底数不清，不利于供水企业现代化管理，给管网规划建设、保护、巡检、检漏和抢修工作带来了巨大障碍。

4. 管网压力不均衡

临翔区城市地形南北狭长，东西两边靠山位置高，中间位置低，老城区地形起伏，加之三个水厂都处于高位，重力供水，导致供水压力不均衡，高压地段夜间压力达0.8MPa，增加了管网漏损和爆管的风险。同时，老城区部分起伏地段及靠山的高位区域压力不足。虽然已建成多座加压泵站，但总体供水压力仍处于不均衡不健康状态。

5. 缺乏管网智慧管理平台

管网底数不清,不掌握供水水量及计量设备运行情况,没有建立管网智慧管理平台,导致不能实时采集分区计量表和用户计量表的远传数据并进行统计分析,从而及时发现用水异常情况并处置,对管网漏损实施系统性、针对性的漏损控制,减少和控制漏损量。

3.2.4 管网漏损现状

临翔供排水公司的原管网漏损率较高,距离《"十四五"节水型社会建设规划》提出的"到2025年城市公共管网漏损率达到9%以内"的目标还有较大差距。

1. 厂损现状

临沧市临翔区3座水厂合计日生产能力为6.5万 m^3,供水人口为19.53万人,厂损5%。其中第一水厂设计日生产能力为0.5万 m^3,雨季河道径流量大时每日供水量为0.3万~0.4万 m^3,旱季河道径流量小时约为0.2万 m^3,日均供水量为0.3万 m^3;第二水厂设计日生产能力为2万 m^3,实际日均供水量为1.7万 m^3;第三水厂于2011年4月运行供水,该厂设计日生产能力为4万 m^3,现高峰时日供水量为4万 m^3,已经满负荷运行。三个水厂现已并网运营,联网后可以根据城区供水需求进行适时调度和调配,供求矛盾得到了一定缓解。

2. 产销差现状

2019—2023年产销差率如表3-3所示。

2019—2023年产销差率　　　　　　　　表3-3

年份	供水量 (万 m^3/年)	售水量 (万 m^3/年)	量差 (万 m^3/年)	产销差率 (%)
2019	1642.78	1277.24	365.54	22.25
2020	1660.56	1318.66	341.9	20.59
2021	1709.82	1385.96	323.86	18.94
2022	1694.103	1346.4395	347.6635	20.52
2023	1998.0508	1675.43	322.6208	16.15

产销差产生包括漏失水量、计量损失和其他损失等,具体如下:

管网老旧漏水、用户欠费、未计量的用水(消火栓、市政绿化)、用水户偷用水、部分漏抄等。另外,户表不运行是造成水资源浪费和产销差大的重要原因之一。部分机械水表的使用年限超出了国家对计量表具6年的使用年限要求,存在计量不准确、误差大等问题;部分老旧小区建成于1980—2000年,小区供水系统使用年代久，供水设备陈旧，管网老化，漏损严重，增加水司产销差。

3. 漏损情况

临翔供排水公司的免费用水量包括：市政消防用水、公共绿化用水、公共卫生间用水。市政消火栓未设置水表计量，全市设置 8 处取水栓作为公共绿化取水点，尽管这些取水点都安装了计量器具用于对公共绿化用水进行计量收费，但存在用户不按规定到专用取水栓取水，通过普通消火栓取水的情况，这部分水量就从原本的注册用水变为漏损水量，增加了管网漏损率。

另外，表观漏损也是该区域供水管网漏损的重要组成部分，包括表计计量误差、数据抄收异常及非法用水等情况。目前临翔供排水公司约有 5000 多只水表处于抄收异常状态，通过抽样检测评估，临翔供排水公司表观漏损占总供水量的比重约为 3%。扣除 3% 的表观漏损，剩下的即为漏失水量。2019—2022 年供水漏损率如表 3-4 所示。

2019—2022 年供水漏损率　　　　　　　　　　表 3-4

年份	综合漏损率（%）	漏损率（%）
2019	19.2	13.65
2020	17.59	12.07
2021	15.94	10.75
2022	17.52	12.16

注：漏损率作为评价指标，是对综合漏损率进行修正后的数据。

3.3　项目目标与建设内容

3.3.1　项目目标

通过建立常态化的漏损控制管理体系和运行机制，结合长效控漏体系建设，开展分区计量、户表改造、智能调度、合理调节管网供水压力，适时安排旧管网修复更新，从而有效延长管道寿命，减少抢修及对外服务人力和财力投入。截至 2025 年综合漏损率下降到控制目标，实现降漏到控漏。

漏损控制目标如下：截至 2023 年达到综合漏损率 15%，漏损率 10%；2024 年达到综合漏损率 10%，漏损率 8%；2025 年达到综合漏损率 8%，漏损率 7%。

3.3.2　智慧管网建设目标

1. 全面摸清家底，加强数据感知

智慧管网建设项目需要重点实现供水管网数字化、标准化、信息化管理，如管道、水表、阀门以及相关的施工、维修、养护等资料信息标准化管理；同时建立管网管理动态化更新机制，构建临翔供水数字管网，成为企业运营的一张重要支撑网络。并通过数据感知网络建设，全面掌握生产运行过程，为水务平台提供有力数据支撑。

2. 提升综合调度能力

通过建设和完善"制水—供水—用水—节水"等环节的监测体系，实现对水质、压力、流量、能耗等实时数据的采集；建设调度管控平台，通过调度平台可视化呈现运营状况，提升企业针对突发状况下的事件应急、事件联动、事件处理的决策、管理和执行反应能力，提升综合调度能力，平衡供需和减少能耗。并加强智能调度，以数据为决策支撑，一方面吸收人工经验，以预案知识库形式指导调度与应急处置；另一方面通过智能算法实现智能调度，减轻人工经验调度的延迟性和不准确性，为安全供水保驾护航。

3. 实现漏损分析

开展分区计量软件、设备安装，构建分区计量体系，形成出厂计量—各级分区计量—用户计量的管网流量计量传递体系。通过监测和分析各分区的流量变化规律，评价管网漏损情况并及时作出反馈，将管网漏损监测、控制工作及其管理责任分解到各分区，实现供水的网格化、精细化管理。

4. 辅助运营决策

借助数据的分析和计算结果，为决策分析提供数据支撑。完善基于数据与业务联动的管理流程，解决系统建设与应用"两张皮"、线上与线下互动不连贯等问题，实现供水调度的供需平衡和节能降耗，为企业运营、费用预算、业务人员考核指标制订提供决策依据。

3.3.3 建设内容

1. GIS 系统建设

准确的管网地理信息数据是企业开展各项业务工作，如日常巡检、探漏测漏、管网维修、应急抢修等的基础条件，也是其他水务信息系统如分区计量、水力模型的前置条件。因此，本项目重点建设 GIS 地理信息系统，以信息系统为工具，构建临翔供排水公司数字管网，实现供水管网的信息化、数字化管理。

2. DMA 系统建设

以管网分区计量管理为抓手，统筹水量计量与水压调控、水质安全与设施管理、管网运行与营业收费管理，逐步构建管网漏损管控体系，降低临沧城市管网漏损和产销差。

3. 调度中心建设

通过调度中心平台建设，实现生产运行全过程监控、指挥和管理，并对各类数据进行实时分析、对异常事件进行报警、予以诊断分析。实现临翔供排水公司水厂生产、管网运行、客户服务的综合展示和内外业务工作协调，提高企业整体调度能力。

3.4 项目实施

3.4.1 GIS 系统建设

1. 管网信息采集

临沧城建部门于 2016 年开展供水管网物探普查，但由于时隔多年，临沧城市供水管网不断在新增和改造，原物探数据是不完整和不准确的，故项目仍需要对缺失的管线进行物探，对错误的管线进行纠正。

经核查，本次需要探测供水管线总长度为 145600.15m，管网分布 GIS 图如图 3-1 所示。

2. GIS 地理信息系统建设

基于 ArcGIS 平台，GIS 系统分为 C/S 的供水管网基础数据管理系统，以及 B/S 的管网 GIS 应用系统，管网基础数据管理平台如图 3-2 所示。系统实现了对城市供水网络图形与属性的统一管理。

3.4.2 DMA 系统建设

1. 临沧供水管网分区建设

基于对临沧地区自然条件、水厂分布、管网运行、压力分区等情况的现场勘查分析，本次分区方案如下：

（1）一级计量分区

管网一级计量分区是后续漏失控制的基础，明确一级计量分区后，各区的产销差才能有序进行漏失控制。水司现有供水管网以三个水厂供水边界为依据共划分为 5 个一级计量分区。

（2）二级计量分区

管网二级计量分区是在一级计量分区基础上，为均衡输配水管网压力而进行的分区，主要遵循以下原则：

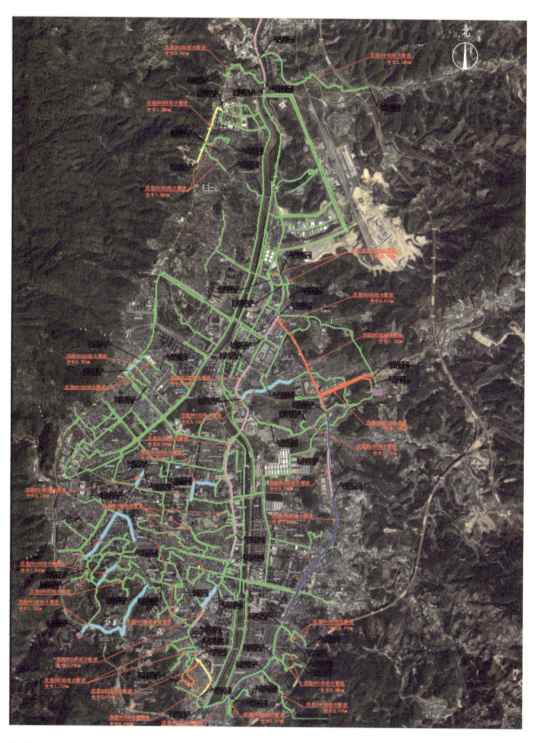

图 3-1 管网分布 GIS 图

图 3-2　管网基础数据管理平台

1）考虑利用供水管网范围内的天然屏障或城市建设中形成的人为障碍，如河流、山脉、铁路、主要道路等作为分界线；

2）尽可能均衡各二级区域的供水规模，便于供水服务管理；

3）在不影响相邻区域供水的前提下，适当关闭二级分区的边界阀门，保证各二级供水区域的独立性；

4）计量、改造工程量最小原则，尽量利用现有设施，使计量数量、改造工程量最少，减少投资；

5）与企业内部相应政策协调，对正常供水影响最小；

6）分区后有利于水司供水管网产销差计量与考核，有利于开展供水漏失控制工作。

(3) 三级计量分区

三级计量分区即独立计量区，一般以住宅小区、工业园区、商业城或自然村等区域为单元建立，用户数一般不超过 5000 户，进水口数量不宜超过 2 个，大用户和二次供水设施装表计量。

根据临沧实际情况，对住宅小区、工业园区、商业城或自然村等三级计量分区管网漏损状况进行全面评估，从漏损隐患大和漏损严重的区域做起，实际建设了 150 个三级计量分区。

2. 分区计量平台建设

搭建分区计量管理平台，具有分区水量、水压的实时监控和报警，夜间最小流量分析，大用户水量叠加分析以及爆管定位等功能，实现设备管理、管网运行维护的电子化流程及评估考核。从物理漏损、计量漏损、管理漏损三个层面开展控漏工作，通过四个控漏流程实现全面的降漏控漏管理，系统界面如图3-3所示。

图3-3 分区计量系统界面

3. 水质监测

通过管网水质在线监测设备对供水水质的一些常规项目进行24h监测，实时监测城镇供水部分水质指标，解决传统的管网水质检测以人工为主，存在检测周期长，无法实时反馈等弊端。

4. 渗漏预警

设置在线漏水噪声监测终端，能够更高频率地记录噪声以建立噪声曲线和轮廓报警从而精确地快速报警，主动监测管网漏水，使水务企业能够快速和高效地找到供水管网内的渗漏点，渗漏预警功能界面如图3-4所示。

图3-4 渗漏预警功能界面

3.4.3 调度中心

调度中心由物联网平台、综合调度管理系统、水务数据中心等部分组成，实现生产运行全过程监控、指挥和管理，并对各类数据进行实时分析、对异常事件进行报警，诊断分析。并实现全企业水厂生产、管网运行、客户服务的综合展示和工作协调。

1. 物联网平台

物联网平台作为整体系统的底层平台，基于临翔供排水公司建立标准化通信协议，方便不同品牌、不同厂家的硬件设备接入物联网平台实现统一管理，为业务应用系统提供各类物联网数据（传感器数据）。

平台主要面向设备感知层，提供统一的数据格式与规范，实现设备数据的统一管理，降低了不同厂家设备的传输组网、数据格式、数据传输、数据转换、数据融合等差异化的复杂程度。设备感知层产生的数据，可直接上传至物联网平台，实现物联网数据质量统一把关，设备状态统一监控，再由物联网平台向上层应用平台上传数据。

2. 综合调度管理系统

建设综合调度管理系统，实现水源→水厂→管网→用户全流程的信息监控和分析，实现运行调度多个环节的可监测、可预警、可分析和可处理，综合调度管理系统界面如图 3-5 所示。借助数据共享优势，以及移动互联网技术，实现生产调度管理的数字化，网络化和可视化，从传统单一化管理模式向开放互动管理模式转变，及时发现并有效处理生产调度管理中的各种问题，做到管理有章可循，有据可依，保障城市公共服务的质量和城市供水安全。

综合调度管理系统整合各种实时系统包括管网压力监测、流量监测、水质监测、水厂生产数据及视频监测等功能，具体功能如下：

在线监测：依托物联感知硬件，实现对供水全过程数据，包括流量、压力、水质、噪声、设备运行状态等的实时监测。可以通过地图、列表、曲线等多种方式进行数据的实时展现。

分析决策：根据设定的预警预报规则，系统自动判定数据的异常状况，同时可对数据进行查询分析，包括历史数据分析、同比环比分析、历史报警记录查询等，方便管理人员决策。

问题处置：依据分析结果，对问题进行流程化处置，可以派发工单、下发指令，实现问题的闭环管理。

统计分析：包括对问题处置结果、时效的统计分析；对整体供水运行安全的统计分析，包括压力合格率、水质合格率、设备健康度、调度运行总览等。

图 3-5　综合调度管理系统界面

3. 水务数据中心建设

(1) 构建数据标准化管理体系

编制公司数据管理规范、数据管理和处理标准，建设跨部门跨系统数据共享平台，统一数据标准和接口，解决公司各系统间的数据标准不统一问题，实现公司数据资源的集约化管理，支撑数据的标准化和资产化管理。

(2) 构建水务数据仓库

梳理各业务及决策部门常用业务指标，通过数据处理工具从各业务系统抽取、处理、汇总业务数据，并进行分层、分域存储管理，构建了融合共享的水务数据仓库和水务数据处理中枢，支撑不同系统的数据交换、服务能力调用以及外部系统的数据开放。数据仓库改变了不同系统间烟囱式无序的调用模式，同时基于数据仓库开发水务数据分析决策平台，提升水务数据应用价值。

(3) 数据分析决策平台

基于水务数据仓库，建立了水务数据分析模型，实现水务大数据的处理分析，提供包括营销分析、生产分析、管网分析、水质分析、用水及抄表等业务专题分析、报表中心等功能，并具有管网预测和预警分析，做到"以数为据"，辅助管理决策分析,提升平台智能化应用水平。未来还可向城市公共服务平台及其他第三方平台输出基于数据的水务智慧服务和管理应用,支持面向政府、民生的水务互联网应用的融合创新。数据分析平台总览如图3-6所示。

图3-6 数据分析平台总览

4. 可视化大屏系统

可视化大屏展示系统既是企业信息化建设成果展示的载体,也是进行管网运行管理以及应急调度指挥的"一张图"。结合可视化平台,开发独立的展示页面,便于将重要信息在大屏幕中展示。可视化大屏系统如图3-7所示。

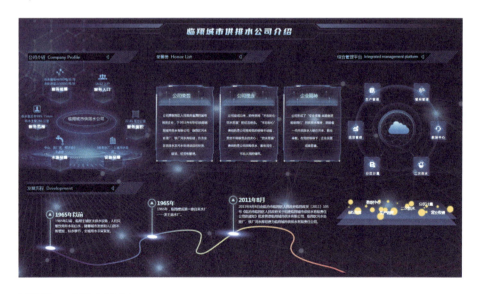

图3-7 可视化大屏系统

3.5 设备选用

3.5.1 压力仪表

本次项目建设过程中，压力仪表选择了国内先进的压力变送器产品，在精度方面，压力变送器精度可以达到 0.1% 甚至更高。其次，压力变送器能够输出 4～20mA 的电流信号或是 0～5V 等标准电压信号，此信号可以被采集，结合本次智慧水务内容建设，采用压力变送器将市政管网重要节点压力实时采集上传，对综合调度决策和管网自动化控制起到了关键性的作用。

3.5.2 计量设备

针对一、二级分区建设，流量计采用了管段式电磁流量计，依托表体左右两片法兰与用户管道连接，适用管道直径 DN600～DN1200 等，测量精度为 0.5 级，稳定性较好。

针对三级分区建设，综合考虑临沧市临翔区用户供水压力以及用水情况，为实现住宅小区、工业园区、商业城或自然村落等片区管网漏损状况全面评估，远程采集居民用水数据的目的，计量设备选择了水平螺翼式水表。其具有工作压力损失小、容积比较小、净重相对较轻等特点，同时可拆卸式表可以实现不断水安装和维修，综合成本较低。

3.5.3 智能调压设备

结合临沧市临翔区供水现状，枯水期、丰水期市政供水管网压力变化剧烈，采取了分片、分时控压供水模式。该项目使用压力管理阀，通过调节进、出口压力，将供水压力控制在一个恒定范围内。同时，压力管理阀可应用于管网压力存在一定富余的供水区域，可通过分时、按流、最不利点反馈等多种方式实现管网压力的按需调节、智能管控。

3.5.4 漏水噪声监测设备

对重要街道和重点区域布置漏水噪声监测设备进行漏点监测，并快速准确定位，缩短抢修时间、减少开挖和漏水量。项目建设过程中选用的漏水噪声监测终端采用 NB–IoT 或 CAT1 物联网通信技术进行数据传输，管理平台可基于噪声文件进行漏水特征分析，主动发现漏点。同时所选设备具有拆装便捷的特点，在完成一个分区的监测后能迅速拆换至另一分区进行监测。

3.6 阶段成效

3.6.1 漏水噪声监测预警

漏水噪声监测终端突破了人工检漏的各项局限，不受环境、气候、埋深、特殊管段的影响。不仅能够全天候工作，而且能够大大缩短巡检周期，使检漏工作变得便捷高效，为城市供水管网漏损控制带来新的技术支持。

以玉龙花园小区为例，小区用户数达 9000 户左右，因庭院管网施工质量问题，小区存在漏损严重的情况，现场漏损点照片如图 3-8 所示。本次检漏实施

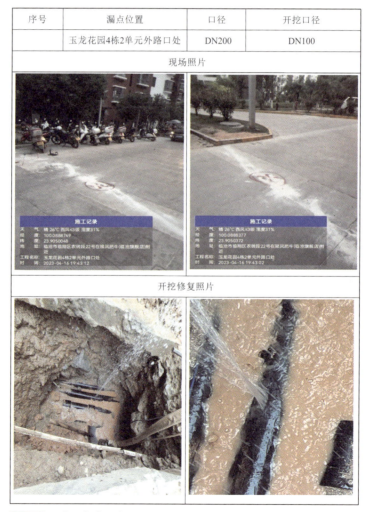

图 3-8　现场漏损点照片

过程中，通过渗漏预警仪的布置以及现场确认和漏点修复，玉龙花园小区共检出5个漏点。该小区夜间最小流量平均值由 $71m^3/h$ 下降至 $29m^3/h$；理论上该小区扣除用户合理用水量后每日节水量可达到 $1008m^3$，小区年节水 $367920m^3$，节约制水成本 367920 元（按照 1 元/m^3 测算）。

3.6.2 智能压力控制

以临沧市临翔区海棠别墅区为例，该片区供水主管管径为 DN150，平均压力 0.7MPa，在夜间供水时，供水压力可达到 0.8～0.9MPa，经常出现爆管情况。但在用水高峰期时，该片区供水压力仅有 0.35MPa，居民用水安全得不到保障，用水体验较差。针对该片区情况，若采用传统的减压阀，在用水高峰期时无法保障末端供水，会出现用户无水可用的情况。目前，该片区已改用智能压力控制阀，分时段调控该小区压力，夜间供水时将压力调控至 0.35～0.5MPa，用水高峰期时阀门全开，保障末端用户用水。截至目前，该片区再无爆管现象发生，压力得到合理控制，片区漏损率也降低了 20%。

3.6.3 DMA 小区控漏成效

通过流量计数据监控，对夜间最小流量异常小区现场排查，发现临翔区幼儿园及周围土锅寨片区、临沧市临翔区华旭小区、临沧市临翔区富丽家园存在管道爆管和漏点，如图 3-9、图 3-10 所示，并顺利修复。

（a）

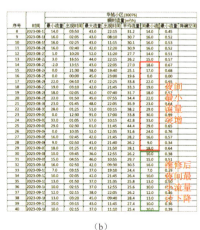
（b）

图 3-9 临翔区幼儿园及周围土锅寨片区监测数据
（a）监测数据（一）；（b）监测数据（二）

（a） （b）

图 3-10　管道漏损现场实拍照片

（a）污水井排出大量清水；（b）接头漏损

3.7　结论

临沧市临翔区供水管网智慧管理系统建设项目取得了阶段性成功，局部噪声预警试点片区年节约制水成本 367920 元；局部压力管理试点地区减少了爆管事件的发生，片区漏损率整体下降 20%。至 2023 年，临翔区综合漏损率 13.15%，漏损率 9.74%。

通过项目实施，完善了每个片区的管网监测管理，加快运维工作的响应速度，建立健全考核机制，再结合阀门管理、联合运营等实施经验，逐步实现漏损控制目标。同时在工程实践中，提出以下建议：

1. 因地制宜解决管道修复问题

在管道抢修和改造过程中遇到了供水主管支管阀门老化硬化、阀门密封不严等问题，供水管道与燃气管道、污水管道、电缆并排敷设、回填土不符合标准，管道埋深过浅、支管开口随意、无法安装水表、阀门等设备等多种复杂情况。需要施工人员开拓思路，采用不同措施决策解决现场难题。

2. 重视阀门管理

阀门管理是城市供水管网管理的重中之重，阀门作为城市供水管网的重要控制设备，在管网运行中起着调节压力、调节流量、控制流速等重要作用。做好阀门管理工作，对于提高抢修速度，在抢修中做到"找得着，关得上，开得开"，提高供水企业的管理水平与管理能力有极其重要的意义。

阀门改造中可将传统减压阀更换成智能压力控制阀，减少传统机械减压阀压损，有利于平台采取分片区、分时段的供水模式。通过平台系统的及时调控，在保障用户正常用水的同时大大降低了市政管网爆管率，改善了用户用水安全性和用水体验。

> 业主单位： 临翔城市供排水有限责任公司、昆明佳晓自来水工程技术股份有限公司
> 设计单位： 浙江和达科技股份有限公司
> 建设单位： 浙江和达科技股份有限公司
> 案例编制人员： 郭卫华、普宁、陈文峰、陆云丰、鲁霁华、陈玲、何泉松、朱涵

4 邵东市邵东段供水管道内检测与监测工程

4.1 项目概况

邵东市自来水有限公司成立于1979年，现管辖供水管网总长400多公里，主要承担湖南省邵阳市下辖邵东城区及周边乡镇近10万户、40万居民的供水任务。邵阳向邵东供水管道建于1995年，总长约30km，邵东段长度为12.8km，管材为预应力钢筋混凝土管和钢管，管径为DN1000，工作压力0.1~0.2MPa，流量300~1100m^3/h，流速0.1~0.4m/s。该管线承担了邵东市城区1/3人口约15万人的供水任务，平均日供水量3万m^3，最高日供水量4.5万m^3，是邵东市城区的"供水生命线"。近几年来由于管道老化加上沿路建房堆土导致部分管线管顶覆土深度超过5m，管道上覆荷载显著增大，爆管事件常有发生。图4-1为管线卫星图，图4-2为某基坑开挖对该管线的破坏。

该管段2019年停水维修30余次，维修漏点70余处，漏损率达30%以上。由于供水任务重，水务公司轻易不敢停水维修。且维修难度大，在管道有漏点情况下也只能带病运行。此外，维修后漏损反弹相当快，新的漏点不断出现。同时由于缺乏先进的检测和监测技术，无法准确探查漏损点的数量和位置、漏水点的发展规律、运行压力波动和水锤情况，当发生外界入侵时也无法及时获悉相关信息。

图 4-1 管线卫星图

图 4-2 某基坑开挖对该管线的破坏

自 2020 年开始，邵东市自来水有限公司委托天津精仪精测科技有限公司对该供水管道进行带压状态下的内检测，探查漏损点位置、管内运行状况、管内杂物沉积情况、阀门状态，并对管道路由和特征点进行精准定位。截至 2020 年底，邵东市自来水有限公司基本摸清该管网的状况。为了进一步提高该管线的运维保障水平，自 2023 年开始，邵东市自来水有限公司对该管线布设分布式光纤安全监测系统和管道压力水听监测系统，监测第三方入侵、管道泄漏、压力波动、水锤、爆管等事件，并进行实时定位。采用的不同技术对应的功能特点如表 4-1 所示。

采用的不同技术对应的功能特点　　　　　　　　　表 4-1

技术类型		主要功能					说明
		功能特点	泄漏	水锤	入侵	爆管	
管道内检测器		用于漏水、定位、管内情况的详查	√√√	—	—	—	检测
分布式光纤监测系统		沿管道轴线的连续性监测	√	—	√√√	√√√	监测
压力水听监测系统	压力	点式监测，约 1km 一个断面	√	√√√	—	√√√	
	水听		√√√	—	—	√√√	

注：√ 越多表示对该项检测/监测更为敏感，效果更好；
—表示不具备此项功能。

4.2 管道内检测

4.2.1 技术原理

供水管道内检测技术将高灵敏度水听器、高清摄像单元、高精度信标（定位）技术集成后置于一检测器内，检测器带压进入管道后，在水流带动下前行。实时查看管道内图像，拾取管道内声音信号，当发现异常时进行定位。通过管道内听音可以发现微小的泄漏信号，泄漏信号可通过智能模式识别的方式由计算机自动判别。

供水管道内检测技术可有效检测微小泄漏、管道破损、管瘤、气泡气囊、管内杂质（砂石、杂物）淤积等多种异常情况，实现包括暗漏点的排查、管壁腐蚀检测、管内异物沉积情况检测、管内流量异常检测、管网健康普查等管道检测需求。

管道内检测机器人由带缆机器人主体、收发桶、缆车、脐带缆、地面站、地面定位器组成。整体设计采用柔性结构+多参数传感平台结构。带缆机器人主体呈蛇状结构，头部安装有动力伞，利用水流提供前进动力，尾部与脐带缆连接，实现设备控制和信号实时回传。主体包含各胶囊舱，舱内搭载精密传感单元，共同构建形成多参数传感平台，图 4-3 为管道内检测机器人与工作模式。

当管道内出现漏水点时，检测器内置的拾音器将捕捉到该漏水声音。随着检测器的行进，漏水声音逐渐变大，当达到漏水点时声音最大，远离漏水点后，声音逐渐变小，借此可以判定漏水点是否存在并确定漏水点的位置。

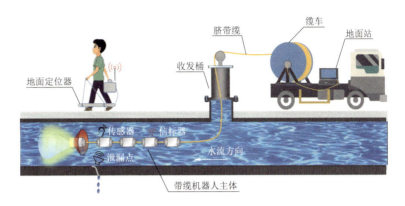

图 4-3　管道内检测机器人与工作模式

4.2.2　检测方案

1. 检测步骤

（1）现场踏勘：管线实地踏勘，制订检测方案，如果需要，则对管道阀门等进行必要的改造；

（2）机器人投放：收发桶与管道相连，机器人通过收发桶投放进入管道；

（3）检测：机器人在水流的推动下沿管道前进，检测管道内异常，信号实时回传地面站；

（4）异常确定和定位：异常点详细排查，结合脐带缆米标和信标单元，确认异常点对应地面的精确位置，标记异常点；

（5）机器人回收：通过拖缆的方式将机器人从管道内收回，沿途对异常点进行复测；

（6）现场复原：拆卸收发桶，安装排气阀，复原现场；

（7）出具检测报告：对检测数据深度分析，出具完整的检测报告。

2. 检测方案

该管线邵东段长度为 12.8km，检测共分 11 段，合计检测 10.1km，检测长度占总里程的 78.9%。根据现场探勘情况，水司对部分阀井进行了改造。实际检测工作于 2020 年 6～8 月份完成，图 4-4 为阀室改造与设备安装，图 4-5 为内检测机器人投放点位置。

4.2.3　检测结果

在整个检测过程中，检测器的投放及收取均正常，所采集的数据正常且完

图 4-4　阀室改造与设备安装

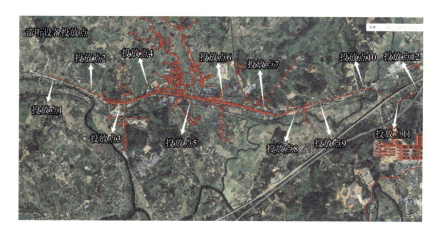

图 4-5　内检测机器人投放点位置

整。合计检测出气囊 4 处、漏点 36 个，石块堆积等异常多处。也即平均每公里存在 0.7 个小漏点、1.6 个中等程度的漏点（漏量为 $8\sim 10 m^3/h$）、1 个大漏点，气囊长度累计 155m，检测结果如表 4-2 所示。

检测结果　　　　　　　　　　　　　　　　表 4-2

检测段	绝对距离及异常	气囊个数（个）	漏点个数（个）	检测长度（m）
范家山加压站-范家山社区	648～558m：90m 长气囊	1	0	780
范家山社区-范家山中学	318m：石块，373m：特大漏点，654m：特大漏点，684.5m：漏点，769m：特大漏点	0	4	963
范家山中学-龙潭洲上院子	207m：漏点，350m：漏点，796.5m：大漏点，827m：气泡声	1	3	840
龙潭洲上院子	98m：小漏点，677m：漏点	0	2	910

续表

检测段	绝对距离及异常	气囊个数（个）	漏点个数（个）	检测长度（m）
黄泥塘-高岭上	195m：疑似漏点，608.5m：漏点，865.5m：大漏点，909m：特大漏点，949m：小漏点，906m：砖块，948m：石块	0	5	1157
高岭上-牛马司镇政府	247m：小漏点，485.5m：大漏点，535.5m：大漏点，590m：小漏点，595m：漏点，710m：大漏点，741m：小漏点	0	7	901
牛马司镇政府-诺博石材	169m：大漏点，190m：漏点，317m：漏点，387m：大漏点，623m：大漏点，637m：大漏点，717m：漏点，785m：漏点	0	8	1240
诺博石材-杨柳桥铁路	263m：特大漏点	0	1	863
杨柳桥铁路-浙江草莓采摘园	292m：漏点，477.5m：漏点，635m：漏点，689m：漏点	0	4	929
浙江草莓采摘园-麦子口村	653m：小漏点	0	1	671
麦子口村-县城	308m：漏点，596~643m：气囊，650~668m：气囊	2	1	869
合计		4	36	10123

部分检测到的漏点采取了现场开挖验证的方式，验证结果表明内检测准确率100%，定位精度≤0.5m，部分检测结果开挖验证如图4-6所示。

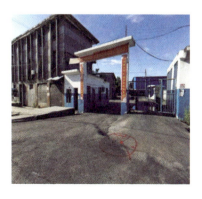

图4-6　部分检测结果开挖验证

检测到的管瘤、杂物堆积，管内异物、杂物沉积等异常情况如图 4-7 所示。

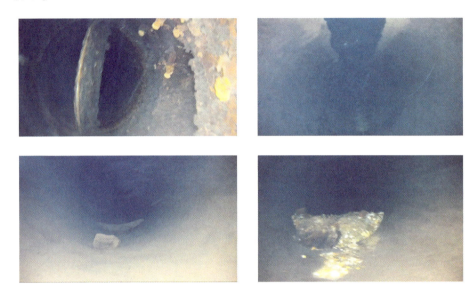

图 4-7　管内异物、杂物沉积等异常情况

4.3　分布式光纤安全监测系统

4.3.1　技术原理

1. 系统原理

分布式光纤安全监测系统利用分布式光纤对振动信号敏感的特征，适时向沿管道轴向敷设的光纤中注入光脉冲信号和连续光信号。泄漏、第三方入侵、爆管等产生的扰动造成临边光纤中光信号的相位频率等变化，通过光干涉等效应和光电信号转换后识别出相应扰动信号，并进行定位，最终实现管道在线监测。

2. 系统组成

分布式光纤安全监测系统主要由 3 个部分构成：与管道伴行敷设的传感光纤、布设在监测站点的预警监测主机、位于监控中心的用户机。系统示意图如图 4-8 所示。

（1）监测主机是整套系统的核心。包含用于实现监测传感的光学系统、嵌入式控制系统等，也包含承载各项产品功能的算法服务器，数据服务器等。监测主机使用模块化设计,集成度高,同时又便于维护,监测主机机柜布置图如图 4-9 所示。

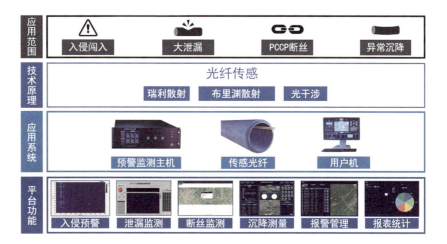

图 4-8　分布式光纤安全监测系统示意图

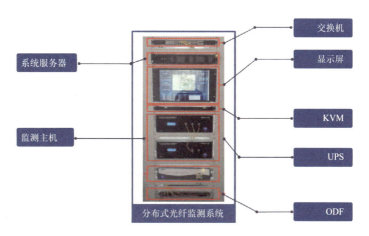

图 4-9　监测主机机柜布置图

监测主机参数指标如表 4-3 所示。

监测主机参数指标　　　　表 4-3

项目	参数指标
外形尺寸	561mm（W）×485mm（D）×178mm（H）（4U）
重量	5kg

续表

项目	参数指标
单通道探测距离	25km
空间分辨率	2m
定位精度	5m
时间采样率	1～10ksps 可调
系统采样率	50MSPS
光纤接口型号	FC／APC
电信号接口型号	SMA
供电	AC 220V/50Hz
功耗	100W
激光器工作波长	1550nm

（2）与管道伴行敷设的传感光缆同时起到信号传感和监测功能，其具体选型和敷设方式需要依据工程的实际情况而定。传感光缆相关的工程参数直接决定系统投入使用后的传感灵敏度、定位精度、事件还原辨识能力和无故障服役寿命，是系统的核心部件之一。传感光缆参数指标如表4-4所示，专用铠装光缆如图4-10所示。

传感光缆参数指标　　　　表4-4

类型	埋地光缆
铠装	涂塑铝带，PVC 护套，金属加强芯
纤芯标准	ITU-G.652D
结构	松套层绞
保护层	涂塑铝带
光缆光纤类型	G.652
光缆光纤衰减	≤0.36dB/km@1310nm，≤0.22dB/km@1550nm
光缆截止波长	≤1260nm
光缆芯数	6芯
光缆存储、使用温度	-40～+70℃
允许拉伸力	长期/短期　1000N/3000N
允许压扁力	长期/短期　1000N/3000N
弯曲半径	静态/动态　12.5D/25D

图 4-10 专用铠装光缆

（3）位于远端的用户机（计算机）主要用于用户交互。传感数据经过监测主机处理后形成易于用户解读的报警记录，利用内部局域网或公网（4G/5G）将报警数据推送至位于远端的监控中心，方便监控人员及时获悉管道安全事件，从而以最快的速度响应，避免损失。管道运营管理人员也可以通过用户机按时间或位置等维度查询全部的报警记录，有效管理系统提供的预警信息，图 4-11 为声学信号强度、频谱分析功能界面。

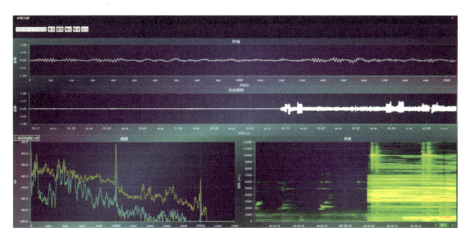

图 4-11 声学信号强度、频谱分析功能界面

4.3.2 监测方案

传感光缆铺设的方式有两种：管内铺设与管外铺设。本工程管道为已经建设完成回填的老旧管道，管外铺设不具有可行性，因此采用管内铺设光缆的方式。管内铺设方式如下：

（1）排空管道：操作人员进入管道内部进行光缆铺设。该方式受管道口径限制，且需要停水排水作业，安全措施需满足密闭空间作业安全规范，适合大口径管道施工前期或停水检修期安装应用。

（2）带压铺缆：在管道不停水运转的情况下进行管内铺缆。带压铺缆的方式打破了管道口径限制，消除了停水操作对城市供水、输水所带来的一系列不良社会影响，减少了水资源浪费，投入较少的人力物资就可达到最优的工程效果。

光缆管内管外铺设方式特点对比如表 4-5 所示，带压铺缆如图 4-12 所示。

光缆管内管外铺设方式特点对比　　　　　表 4-5

光缆铺设方式		操作流程	优　势	劣　势
管外铺设		管道铺设与光纤铺设同步进行	操作难度低，方便实际操作	需在管道建设初期铺设
管内铺设	排空管道	排水后，操作人员进入管道内部铺缆	方便实际操作	（1）适用于大口径管道；（2）需停水操作，影响管道运转；（3）耗费人力物力
	带压铺缆	使用特殊设备进入管道内部铺缆	(1) 不受管道口径影响；(2) 无需停水操作；(3) 额外成本极低；(4) 节省人力成本	技术复杂、难度大

图 4-12　带压铺缆

4.3.3 监测效果

天津精仪精测科技有限公司于 2023 年对邵东段长度为 12.8km 的管线进行了带压铺缆和排空管道后的人工铺缆作业，作业完成后，测试光缆状态良好，声音测试功能正常，模拟外界声音信号正常。目前系统已运行一段时间，尚未发现第三方入侵事件和较大的漏水事件，图 4-13 为系统主机与振动软件测试。

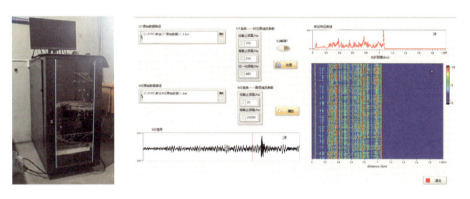

图 4-13　系统主机与振动软件测试

4.4　压力水听监测系统

4.4.1　技术原理与性能指标

压力水听监测系统由监测单元（包括高灵敏度水听器和压力传感器）、智能采集终端（RDAU）和位于监控中心的用户机（计算机）共同构成。水听器和压力传感器实时感知管内的声音信号和压力波动，当 RDAU 识别出泄漏声音、负压波或水锤信号后，对泄漏点进行定位计算，并将相关信息通过 4G 或 5G 网络传输至监控中心用户机以进行进一步的数据分析和处理。由于泄漏的声音是持续存在的，因此水听器可以识别出安装前存在的泄漏点。泄漏引起的负压波的存在时间是短暂的，因此压力传感器无法对已经存在的泄漏进行定位，只能对布设后新产生的泄漏进行监测，压力水听监测系统构成如图 4-14 所示。

1. 水听监测原理

管道发生泄漏乃至爆管后，泄漏位置管内水体出流与管壁振动产生声音，声

图 4-14 压力水听监测系统构成

音沿着管内水体和管壁向上下游传播,其中在管内水体中传播的声音因水体声阻抗较管壁更小,可以传播得更远,衰减更慢。通过在管网拓扑关系中按一定间距布设水听器后,则可以用不同位置水听器侦听到声音的时间差和管网的拓扑关系,对该泄漏声音进行定位,并根据 AI 自动识别算法对噪声进行过滤,自动识别出泄漏声音。定位计算公式如下:

$$X = \frac{(L + a\Delta t)}{2} \quad (4-1)$$

式中 X——泄漏点距首端测压点的距离(m);

Δt——两个检测点接收声音的时间差(s);

a——声音在管道中的传播速度(m/s);

L——所检测的管道长度(m)。

泄漏点定位原理图如图 4-15 所示。

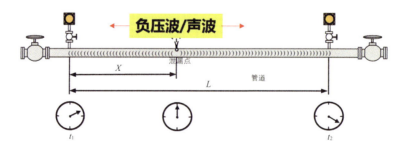

图 4-15 泄漏点定位原理图

2. 压力监测原理

（1）在管网拓扑关系中按一定间距布设压力传感器后，管道内压力波动可以实时由压力传感器监测，当管道内水锤产生时，系统可以自动进行识别，当超过一定阈值时报警。

（2）管道发生较大的泄漏乃至爆管后，泄漏位置管内水体出流将引起管道压力下降，并以负压波的形式沿着管道向上下游传播，压力传感器和后台软硬件识别出负压波后进行定位。与水听定位原理类似，可以利用负压波到达不同压力传感器的时间差进行泄漏位置的定位，系统捕捉到的水锤信号模拟图如图4-16所示。

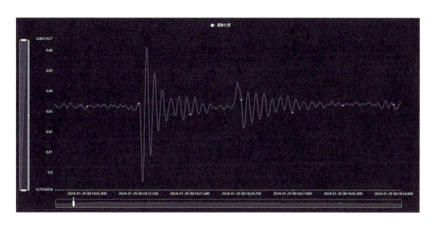

图4-16 系统捕捉到的水锤信号模拟图

3. 设备参数：

（1）智能采集终端（RDAU）

1）采样精度≥16位，采样率20Hz～20kHz可调；可提供8路4～20mA接口或8路0～5V/0～10V/-10～+10V模拟输入接口；

2）支持1路RS-485接口，支持ModbusTCP等工业互联协议；

3）支持4G全网通及标准TCP/IP以太网接口；

4）支持GPS/北斗及NTP双重时钟同步，时钟同步精度：≤1ms；

5）支持2路高速脉冲数据采集：采集频率10～20kHz；

6）内存：内置32G，支持采集数据的存储保存60天不丢失；

7）低功耗设计，宽电压供电：9～36VDC，典型功耗≤1W；

8）工作温度：-40～80℃；

9）防护等级：IP68，包括所有本体连接电缆部分；

10) 本体内置可充电锂电池,在外部电源失效后,以低功耗模式运行至少15天(可定制更长时间)。

(2) 高频压力传感器和高灵敏度水听器技术参数(表4-6)

高频压力传感器和高灵敏度水听器技术参数　　　表4-6

高频压力传感器	高灵敏度水听器
测量范围:0~2MPa(可根据实际需求定制); 精度误差:≤0.1%FS; 频率响应范围(±3dB):1000Hz; 响应时间:≤1ms; 输出信号:0.5V~4.5VDC,三线制; 工作电压:5VDC; 材质:316L不锈钢隔离膜片; 外壳防护等级:IP68; 工作温度:-40~80℃; 电缆:PE防水电缆	灵敏度:-172dB±3.0dB; 响应频率范围:20Hz~20kHz; 安全工作温度范围:-40~80℃; 低噪声、高耐用性、接触水; 传感器材质:低阻尼疏水材料; 连接电缆:低噪声专用音频防水屏蔽线缆; 电缆最大承受静压:6.8MPa; 防护等级:IP68,包括传感器电缆连接处

4.4.2 监测方案实施

1. 系统布设方案

监测单元部署在管道现场的阀井内。数据采集和控制单元、通信单元、供电单元放置于太阳能供电的立杆机柜内。监测单元将实时监测部署位置的管道脉动压力信号,通过数据采集和控制单元转换为可以进行传输和存储的数据类型,脉动压力与声信号通过通信单元发送至位于室内的监测主机。供电单元则用于保证系统长期稳定的工作,供电方式可采用太阳能板供电或市电供电方式。原则上按照1000m间距布置高频压力/水听传感器,尽量选取排气阀附近安装监测设备。

(1) 监测点:压力水听监测单元可采用管道开孔、排气阀处安装等安装方式。排气阀处安装注意事项:传感器将被安置在一个通用的多口适配器内(包含法兰),在法兰一侧开口径10mm的管口安装监测设备,将适配器安装到排气阀上,让传感器接触到水。

图4-17为压力水听监测单元在排气阀处安装和在阀井里安装。

(2) 智能采集终端:传感器通过电缆连接RDAU,所有电缆可封装在防水外壳中,天线可暴露在外壳外,也可封装在外壳内(保证信号的正常传输的情况下)。

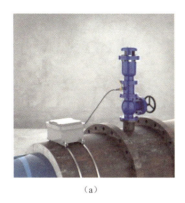 

(a) (b)

图 4-17　压力水听监测单元在排气阀处安装和在阀井里安装

(a) 阀井安装；(b) 排气阀处安装

(3) 中心站：监测中心一般设置在调度室，能够对管网进行监测和定位，一般由工作站和配套的软件组成，可选配数据服务器。

图 4-18 为智能采集终端和中心站的安装。

图 4-18　智能采集终端和中心站的安装

2. 压力水听方案实施

邵东段管线长度为 12.8km，经过分析符合布设条件的共计 5 个监测断面，合计监测距离 7.5km，平均监测断面间距 1.5km。压力水听器埋设位置与光纤监测路段重叠，图 4-19 为压力水听安装点位布设情况。

图 4-19　压力水听安装点位布设情况

4.4.3　监测结果

天津精仪精测科技有限公司于 2024 年上半年完成了邵东段长度为 12.8km 的管线压力水听系统的布设工作，经过测试系统功能正常。目前系统已运行一段时间，压力传感器实时捕获管内运行压力的波动，该管线的设计工作压力为 0.1~0.2MPa，通常实际捕获到的压力波动范围超出该设计压力±0.05MPa，已捕获到 3 次高达 0.25MPa 的小水锤事件。水听系统已捕获一次泄漏信号，定位精度为±30m，水司经开挖验证发现为一小漏水点，漏量约 3m³/h，开挖后确定水听系统定位精度为±20m，图 4-20 为系统布置图和捕获的压力波动/水锤信号。

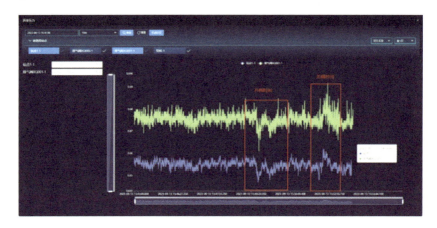

图 4-20　系统布置图和捕获的压力波动/水锤信号

4.5 结论

  自 2019 年开始，邵东供水管道进行带压状态下的内检测，探查漏损点的位置、管内运行状况、管内沉积情况、阀门状态、并对管道路由和特征点进行精准定位。为了进一步提高该管线的运维保障水平，该管道沿线布设管道压力水听监测系统和分布式光纤安全监测系统，监测管道泄漏、压力波动、水锤、爆管事件实时定位、第三方入侵预警等管道安全事件，并得到了成功应用。通过及时掌握漏损变化，适时安排维修，创新维修方式，该段管道的漏损率从 2020 年 23.52%下降至 2023 年的 6.37%。其中，内检测机器人和压力水听监测系统发挥了重要的作用，减少漏损带来的经济收益也基本覆盖了漏损控制的投入，其实施将进一步降低漏损、第三方入侵、爆管事件的发生，提高管理辖区供水管网管道安全保障能力。

> 业主单位： 邵东市自来水公司
> 建设单位： 天津精仪精测科技有限公司
> 案例编制人员： 封皓、张宁、张海丰、杨柳

5 上海市普陀区北石路（大渡河路—曹杨路段）DN1200给水管水平定向钻非开挖穿越工程

5.1 项目概况

上海市普陀区北石路段（大渡河路—曹杨路段）供水主干管已使用将近22年，旧管为球墨铸铁管，管道内壁经水流常年冲刷、浸泡，防腐涂层逐渐磨损、脱落，出现不同程度的腐蚀受损，导致该管段漏损率常年居高不下。同时防腐层失效，加快球墨铸铁管锈蚀速度，引起供水水质下降，影响普陀、嘉定两地区用水安全。该路段旧管换新工程迫在眉睫。

由于该供水管更新工程地处市民居住小区，其中北石路经过桃浦河段，道路狭窄、民居密集、交通繁忙且地下管线复杂，开挖施工难度较大。为保障周边居民交通出行和正常用水，设计单位、施工单位制定施工方案，经过专家评审，确定核心路段总长372m的超大口径管道工程采用水平定向钻非开挖穿越的方式进行施工。工程采用了超大口径DN1200 HDPE非开挖实壁管。

5.2 技术方案

项目原计划采用桥管形式跨越桃浦河，经上海岩土地质研究院有限公司勘察，最终由于老城区征地拆迁难度大，以及武宁路下管线众多，管桥基础桩基无法施工等因素，改为水平定向钻拖拉管方式穿越桃浦河，管线敷设平面图如图 5-1 所示。

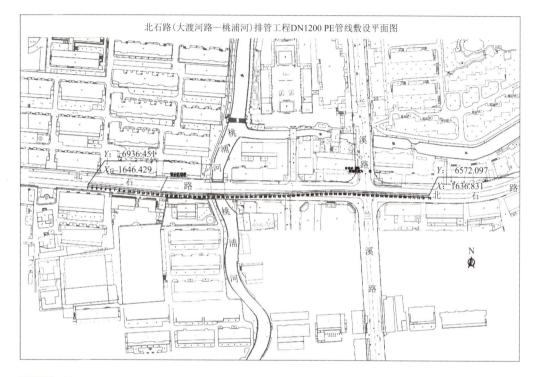

图 5-1 管线敷设平面图

根据设计方案，在现场标记穿越轴线，经工作坑开挖、焊机及拖拉设备入场、PE 管焊接、焊口无损探伤、分级钻孔及管道拖拉，最终完成新管道穿越替换旧管，管道更新工艺流程图如图 5-2 所示。

5.2.1 地质与管线布置情况

根据地质勘察报告，该地段表层为回填土，下层依次为粉质黏土、黏质粉土、淤泥质黏土，穿越工作主要在黏质粉土和淤泥质黏土中进行。

设计管道穿越桃浦河，桃浦河规划河宽为 20m，规划河床底部高程为 −1.0m。本工程设计穿越深度为吴淞高程 −10m，西侧入土点距桃浦河西侧桥头 130.5m，东侧出土点距桃浦河东侧桥头 225m。在桃浦河下的穿越深度为吴淞高程 −10m。

图 5-2 管道更新工艺流程图

据施工图纸,地下管线较为复杂。沿北石路走向的管线自北向南分布有:上水管线,管径300mm,管顶埋深0.6m,分布于北石路北侧;上话管线,12孔,管顶埋深1.35m,分布于北石路北侧;雨水管线,管径800mm,管底埋深1.8m;污水管线,管径300mm,管底埋深2.55m;燃气管线,管径200mm,管顶埋深1.6m;电力管线,1孔,中心埋深0.7m。

与拟穿越管线相关的管线自西向东分布有:2根雨水管线,管底埋深1.5m和2.5m;信息管线,1组,管顶埋深1.5m;上话管线,12孔,管顶埋深1.35m;3组电力管线,管顶埋深1.8m、1.2m和0.7m;给水管线,管顶埋深2.0m;污水管线,管底埋深3.5m;2根燃气管线,管径200mm,管顶埋深1.6m和1.0m。

5.2.2 施工前准备

穿越轨迹位置考虑土(岩)层类型,参照地质情况和埋深要求,选择适宜穿越的地层,同时要考虑PE管及钻杆的最小弯曲半径要求。

在穿越施工前,根据设计材料,测量放线定出穿越轨迹和两侧工作坑位置,用油漆标出管道轴线位置,在轴线上每间隔3m做好原地面标高标记,以便导向施工时精确控制高程。穿越路段两侧使用250型挖机开挖工作坑,钻机在工作坑以西位置,由西向东钻进施工。钻机就位后,附属设备围绕钻机放置,设备占地面积50m×5m。入土坑及出土坑均采用[20号槽钢围护,防止塌陷。施工过程中用到的主要设备一览表如表5-1所示。

主要设备一览表　　　　　　　　　　　表 5-1

序号	名称	规格型号	单位	数量
1	水平导向钻机	FDP120	台	1
2	控向系统	Eclipse	套	1
3	泥浆系统	BW-1000	套	1
4	混浆系统	20m^3	—	1
5	电动泥浆泵	86泵 76泵	台	1 1

续表

序号	名称	规格型号	单位	数量
6	全站仪	NTS-352R	台	1
7	对接机	—	套	1
8	移动电站	100kW 40kW	台	1 1
9	卡车	30t	辆	2
10	平板车	—	辆	1
11	汽车起重机	25t	辆	1
12	泥浆运输车	60m³	辆	2
13	镐头机	—	台	1
14	挖掘机	250		1
15	地滑轮	—	只	45

5.2.3 PE 管焊接

PE 管在兰溪路东侧组装焊管。焊接采用热熔对接技术，规范焊接工艺对焊接质量有决定性的影响。为确保焊接质量，管道厂商参与管道焊接，全程进行跟踪指导服务。具体流程如下：

（1）准备全自动热熔对接机及对应管段口径的夹具；

（2）连接电焊机线路、油路，启动电源。根据 PE100 材料设定熔接温度为 225℃；

（3）使用测温枪，测量加热板实际温度偏差应在 ±10℃ 以内；

（4）将对接管材放置于夹具上并夹紧，两管段间预留好铣刀及加热板空间，同时注意管材轴线应处于同一条直线上；

（5）放入铣刀盘铣平端面。管端铣平先启动铣刀电源，再启动夹具油缸，直至铣削的刨花连续后停止。停止时要先退出油缸再停转铣刀，否则管材端面会有台阶。最后检查刨花是否有气泡、杂质；

（6）取出铣刀，推进夹具油缸，检查两管端面错边量是否小于壁厚的 10%，调节夹具直至错边量满足要求；

（7）分离夹具，放入加热板。再次启动油泵，使两管道端面贴合加热板，在管材端面有微小翻边后，去掉油缸压力，继续加热，进入吸热状态；

（8）达到规定吸热时间后，使管材端面与加热板分离，取出加热板后对接管材。根据管材壁厚、油缸面积和拖动拉力计算对接压力。对接时保持油缸压力，直至焊缝冷却；

（9）打开夹具，完成对接。为了防止管道在拖动时表面受损，在管道下方垫上专用的地滑轮。

5.2.4 焊口无损检测

为确保管道焊接质量，项目利用32/64相控阵超声波主机，配合探头、耦合剂、扫查架等辅助器材进行超声探伤，查找焊接缺陷评价焊口焊接质量。相控阵超声是超声探头晶片的组合，探头上多个压电晶片按一定规律分布排列，通过控制每个晶片的激发时间和激发次序，实现声束的聚焦和偏转，从而提高扫描精度和范围。检测在管道焊接完成自然冷却2h后进行。具体流程如下：

（1）探头及楔块。使用2.5MHz、32阵元线性探头，配合60°斜入式楔块检测。

（2）扫查范围。检测比例为接头数量的20%，沿焊缝翻边沿线扫查，扫查长度为焊缝周长的30%，对疑似缺陷部位，采用结合锯齿、前后、旋转、环绕等扫查方式。

（3）扇扫前校准。扇扫前对扫描角度进行声束校准，为避免角度灵敏度差异，校准前应进行ACG修正。

（4）灵敏度设置。设置为$\phi 1\times 25-4$dB，波高为满屏高度的80%左右。

（5）扫查。扫查前在检测区域上涂抹专用耦合剂，沿工艺设定的路线进行扫查，扫查速度均匀稳定且不大于30mm/s。

（6）检测数据分析。根据S型显示图像结合A扫描显示，对检测图像进行分析。缺陷类型包括孔洞、夹杂、裂纹和虚焊。

5.2.5 定向钻进轨迹

桃浦河两岸有驳岸桩，驳岸桩桩底高程为-7.0m，设计穿越管最深处高程为-10m，入土角为-17.6%（10°），出土角为17.6%（10°），中间水平钻进83.72m，路径总长372m，北石路（大渡河路—桃浦河）排管工程非开挖铺设DN1200 PE管，管线纵断面如图5-3所示。

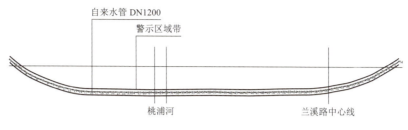

图 5-3 管线纵断面

5.2.6 工作坑开挖和钻机放置

在桃浦河北石路南侧非机动车道上,距桃浦河桥西侧桥头 130.5m,距人行道边往北 2.2m 处,开挖一个 15m×3m×2.5m(长×宽×深)的工作坑,作为钻杆入土坑。另一侧工作坑定于桃浦河东侧北石路南侧非机动车道上,距桃浦河桥东侧桥头 225m,距北石路南侧人行道边 1.5m 处,开挖一个 25m×3m×2.5m(长×宽×深)的工作坑,以便于钻具装卸和铺设管道进入。钻机就位于西侧工作坑以西,由西向东钻进施工。

5.2.7 泥浆配置

在水平定向钻进施工中,根据施工技术要求及地质条件,正确配制泥浆是重要环节之一。泥浆主要有五点作用:(1)悬浮并携带钻屑排出孔洞,保持孔洞干净;(2)稳定孔壁,确保孔壁不发生坍塌;(3)润滑孔壁,降低钻孔和管线回拖阻力;(4)冷却和冲洗钻头;(5)建立与地层平衡的液柱压力,防止地层坍塌。水平定向钻井液混合配比如表 5-2 所示。

水平定向钻井液混合配比 表 5-2

类型	地层	产品	推荐用量 (每 1000L)	马式漏斗黏度 (s)
一般地层	砂层	Hydraul-EZ(易钻)	30~36kg	45~50
	砂砾石层	Hydraul-EZ(易钻) /Super Pac(帮手)	36~42kg/1.25~2.5L	50~55
	黏土层	Hydraul-EZ(易钻) /Insta-vis Plus(万用王)	12~18kg/1.25~2.5L	35~40
	未知地层	Hydraul-EZ(易钻) /Super Pac(帮手)	30~42kg/1.25~2.5L	45~55

续表

类型	地层	产品	推荐用量 （每1000L）	马式漏斗黏度 （s）
复杂 地层	卵砾石层	Hydraul – EZ（易钻） /Super Pac（帮手） /Suspend – It（速浮）	30～42kg/1.25～2.5L /1.2～2.4kg	70～90
	膨胀性黏土	在泥浆中添加 Insta – vis Plus（万用王）	2.5～5L	35～40
	胶黏土	在泥浆中添加 Drill – Terge（洁灵）	5～7.5L	35～40
改善 水质	低 pH 或 硬水	加入纯碱调整 pH 至 8～10	0.3～0.6kg	—

5.2.8 钻导向孔

钻具由导向钻头+钻杆组成，控向设备在导向钻头内。开钻前使用经纬仪找出穿越中心线的准确位置，并做好标记，配合实时跟踪系统进行准确定位跟踪，确保出土定位准确。导向孔钻进过程中，观察井眼泥浆返出情况，决定是否进行泥浆性能调整。同时要密切注意钻过程中扭矩、推力、泥浆压力和流量等数据变化，做好深度和角度、方向角的记录。

5.2.9 扩孔

采用九级扩孔+一级清孔的工艺，扩孔孔径分别为 DN400、DN600、DN800、DN900、DN1000、DN1100、DN1200、DN1300、DN1450。

为防止地面沉降，扩孔采用均匀旋转回拉和泥浆射流相结合的方法，这样既能保证扩孔孔壁的厚度，又能排出过多的泥土，从而顺利回拉铺管。除此之外，还能保证铺管之后被挤压的泥土在应力的作用下自然回填，使孔内不留下空隙，防止地面沉降。扩孔时，使用根据地层实际情况配置的泥浆，确保孔壁稳定，泥浆流动顺畅。当第一级扩孔时，减慢扩孔速度，同时减小泵压，增大转速。

扩孔完成后，再用 $\phi1450$ 清孔器进行一次清孔处理，以排出孔内多余渣土，进一步稳固成孔内壁。

回扩过程中要作好施工记录，记录内容包括钻进时间、扭矩、拉力、泥浆泵压力、土质情况等。并密切注意钻进过程中无扭矩、钻压突变等异常情况,发现问题立即停止施工,待查明原因后采取相应措施施工。

5.2.10 管道回拖

管道焊接好后,依次连接管线、连接头、旋转接头、钻杆。使用150t级牵引机,确保管材拖拉顺利,回拖应均匀平稳,且回拖速度小于或等于2.5m/min,直至完成管道回拖。拉管头和管子的连接须密封可靠,防止泥浆和其他杂物进入管道内。管头连接如图5-4所示。

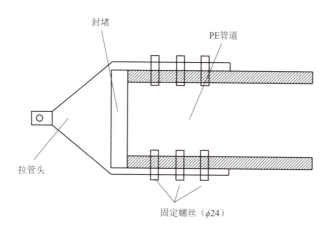

图 5-4　管头连接

5.2.11 水压试验

穿越完成后对管道进行水压试验。试验前对接口、排气阀、试压设备、测量设备等进行检查及校验,并清除管内杂物。水压试验按照国家现行标准和试验方案进行,并加强安全监督。管道和管件后部临时加固,管件支撑墩和锚固设施的混凝土强度应符合设计文件的规定。对于严密性试验,管道的试验压力为0.8MPa,如果在30min内压降不大于0.03MPa,则可以认为合格,不再验证泄漏量。

5.2.12 事故应急措施

由于定向钻非开挖施工具有一定风险,不可预见因素较多,施工中若出现紧急情况,应及时调整方案,采取补救措施。事故应急措施如表5-3所示。

事故应急措施 表 5-3

事故	原因	相应的应急措施
导向偏差太大	导向过程中遇到障碍物	分析确定障碍物位置，修改导向轨迹避开障碍
	信号干扰	分析原因，避开干扰，采用有线导向
损坏其他管线	管线资料有误、钻孔偏差	（1）立即停止施工，通知有关部门抢修； （2）保护现场，协助有关部门抢修； （3）分析原因，制订补救措施
卡钻	扩孔器遇障碍	（1）用挖机、滑轮组、顶拉式千斤顶把钻杆回拉； （2）减慢回扩速度，必要时换小口径扩孔器回扩
脱扣或钻杆断裂	上钻杆没有到位，钻杆质量缺陷、扭矩、拉力过大	（1）用挖机、滑轮组、顶拉式千斤顶把钻杆回拉； （2）采用导向钻头在原孔位钻进至出土点，然后重新回扩

5.2.13 监测

监测工作是否及时有效会影响河岸安全。根据有限元计算结果，管道施工对管道中心线两侧 15m 范围内影响最大。因此，在管道中心线两侧 15m 范围内设置监测点，间距约 2.5m。

监测时间：管道施工开始穿越之前（距离河岸防护约 30m），直到地面沉降达到稳定（近两个月监测的累计沉降差异不大于 1mm）。

监测频率：在管道穿越过程中，确保每天至少 5 次，并从每天一次、三天一次、每周一次逐渐减少频率，直到每月一次。

监测内容：水平位移和沉降位移。

除及时向施工控制中心反馈监测数据外，当出现累计沉降大于或等于 10mm，日沉降大于或等于 2mm 情况时应向有关部门报告。

5.3 实施情况

该项目于 2018 年 8 月 29 日 15：00 实施，随着各项前期准备工作的完成，非开挖铺设 DN1200 拖拉管施工正式开始，通过管道试钻、导向钻孔、反向扩孔、稳固孔壁、回拉铺管等施工步骤，于当晚 21：30，整个管道施工全部结束，全程历时不到 7h，现场施工照片如图 5-5 所示。

图 5-5 现场施工照片

(a) (b) (c) (d) 施工现场照片

项目团队将超大直径的 PE 管道，拖拉跨越宽 20m 的桃浦河，管道埋深最深为 10m。施工过程中，施工方对施工区域四周采用移动护栏围护，及时清运挖出的土方，保持路面的清洁，并对完成施工的路段进行快速修复。同时，仅对周边道路进行短时间局部封道，基本不影响交通出行，原有管道也正常通水，不影响居民的用水，做到了"悄无声息"的实现旧管换新管作业。

新管通水后，已服役 20 余年的旧管道正式"退役"，普陀区、嘉定区近 200 万市民安全供水得到保障。

5.4 建设效果及创新点

（1）超大口径非开挖穿越。管道全长 372m、直径 1.2m、重达近百吨的超大口径自来水管道，在 7h 内被整体"拖拉"进入地下与自来水主干管网相连，替换已经服役了 22 年多的旧管道，为普陀区、嘉定区近 200 万市民供应安全、高质量的自来水。本工程为国内超大口径的非开挖穿越工程项目之一，所采用给水管道通过了严峻的考验，工程中未出现任何事故。

（2）无停水新旧管切换。通过非开挖拖拉管技术，在极短的时间内完成主给水管网替换。前期准备及施工过程中旧管网仍正常通水，将施工对居民的影响降至最低。

（3）管材焊口检测采用无损探伤技术。通过相控阵超声技术，对焊接接头质量进行无损检测，该技术能有效检测出焊接接头内的气孔、杂质等虚焊。

5.5 结论

上海北石路超大口径、长距离 PE 管在上海市区成功铺设，为超大口径非开挖拖拉管穿越技术提供了宝贵的施工经验。施工过程中对管线轨迹、成孔质量及路面沉降预防等方面采取相应的控制措施，积累了宝贵的数据经验，使得拖拉管技术优势得到充分发挥。同时项目将地质探测技术有效地运用在工程中，使得拖拉管能有效避开地下错综复杂的管线，并通过管道焊接无损探伤技术，进一步保障了管道焊接质量。

业主单位： 上海城投水务（集团）有限公司
设计单位： 上海市水利工程设计研究院有限公司
建设单位： 上海市水务建设工程有限公司、上海市市政工程建设发展有限公司、浙江伟星新型建材股份有限公司
案例编制人员： 曾剑锋、李大治、汪永兴、唐克、陆阳

6 上海兰州路供水管道紫外光原位固化非开挖修复工程

6.1 项目概况

上海兰州路（河间路—龙江路）DN900，长 600m 供水管道位于快车道下（图 6-1），为灰口铸铁材质，是杨浦区的重要输水管线。该管道于 1955 年敷设，因年久老化，锈蚀情况严重，导致输配能力、供水水质下降，影响周边用户用水安全。如果该老旧供水管道采用拆旧排新的传统开挖施工方式进行改造，所占用的道路资源和产生的施工噪声、扬尘将严重影响周边的交通以及现场周围的企业、居民。上海市公安局杨浦分局交通警察支队、上海市杨浦区市政和水务管理署、上海城投水务（集团）有限公司、各类管线管理部门也对此工程提出了减少扰民和减少影响城市交通的要求。工程情况如下：

（1）在交通组织方面，需尽量保证原有交通不受影响，遵循"借一换一"的原则，半幅占道施工、半幅交通开放；

（2）工程周边住宅小区多，人车流量大，要严格控制噪声、扬尘；

（3）兰州路（河间路—龙江路）段紧邻上海市杨浦区的主要河流杨树浦港，开挖后地下水位高、流量大，同时工期正值雨季汛期，开挖面的支护等级较高；

（4）由于该管线是杨浦区的重要输水管线，停役时间有限，要求在不影响工程后期供水水质、水量的情况下，缩短工期，处理好各个环节的施工衔接；

（5）兰州路（河间路—龙江路）段存在排水、天然气、信息、电力等多种公用管线与DN900供水管道交叉、层叠现象，施工时保护难度大。

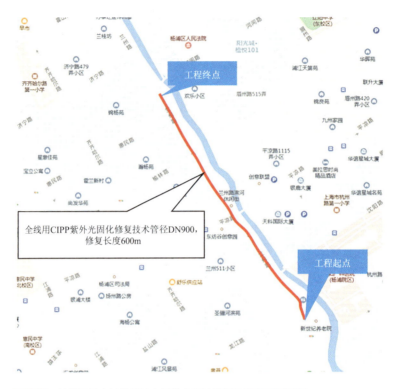

图 6-1　兰州路供水管道紫外光固化非开挖修复工程项目平面图

工程建设目标如下：

（1）确保修复后的管道满足原有的供水能力及所在地区管道养护要求；

（2）必须满足国家的饮用水安全标准，内衬修复材料通过卫生部门的检验；

（3）管道整体修复后，工作使用年限不小于30年。

6.2　技术方案

6.2.1　修复技术选用

1. 修复技术方案评定原则

（1）符合上海市兰州路（河间路—龙江路）DN900供水内衬管非开挖修复工程建设目标，满足现有的国家、行业、地方、团体技术标准规范要求；

(2) 行业内已有管道非开挖修复经验可供参考；

(3) 综合考虑原管道基本资料、运行维护资料、管道检测资料等，结合工程施工环境、地质状况，对比分析常用供水管道非开挖修复方式，包括紫外光固化 UV-CIPP、二元法光固化、离心喷涂 SIPP、翻转内衬 CIPP、紧密贴合内衬法 FIPP 等。考虑工艺特点包括内衬结构性能、内衬整体性、设备施工机动性、适用管径、辅助设备、设计使用年限、内衬结构、材料价格影响因素、内衬柔韧度、施工环境安全性、材料运输、市场发展状况、涉水卫生安全性等。

2. 非开挖修复技术选择原则

(1) 支管、弯管少的管段，可采用非开挖修复；支管、弯管多的复杂管段，不宜采用非开挖修复；

(2) 管道缺陷只在极少数点位出现的管段，宜采用局部修复；管段上普遍存在缺陷的管段，宜采用整体修复；

(3) 管体结构良好、仅存在功能性缺陷的管段，宜采用非结构性修复；有严重结构性缺陷的管段，宜采用结构性修复。

3. 工艺确定

紫外光原位固化修复技术具有结构强度高、施工效率高、施工机动性能强、卫生安全可靠等特点，符合本工程项目的需求。在对上海市兰州路（河间路—龙江路）DN900 拟修复供水管道现状分析的基础上，按照修复技术方案评定原则、行业内管道非开挖修复经验，确定采用紫外光原位固化修复技术作为本工程的主要修复技术。

6.2.2 主要技术内容

1. 技术原理

紫外光原位固化非开挖修复技术是将浸透树脂的玻璃纤维软管，采用拉入法拉入待修复的管道内，经充入压缩空气膨胀将内衬材料紧密贴附在管道内壁上，在紫外光灯照射下实现迅速固化，形成一层坚硬的"管中管"，并具有全结构性（图 6-2），从而使已发生破损或输送功能较差的自来水管道在原位得到修复。

2. 工程施工实施方案

(1) 修复施工准备阶段。

采用高压冲洗车等设备对管道进行疏通、清洗，确保管道修复工艺顺利进行。对管道内壁存在的较大凸起、渗漏、锈瘤等缺陷进行局部处理。

图6-2 紫外光原位固化内衬结构图

（2）底膜铺设。

拉入软管之前应在原有管道内铺设底膜，并应固定在原有管道两端，底膜应置于原有管道底部，且应覆盖大于1/3的原管道周长。底膜的作用是减少内衬软管在拉入时与旧管管底摩擦，保护内衬管不受损伤。

（3）拉入内衬软管。

内衬软管的端头两侧分别朝里对折1/3，放好吊装带再纵向对折40~50cm，用扎带扎紧。吊装带与万向U形吊装环连接待用。完毕后为了保护绑好的内衬管牵引头顺利安全地通过管道，可以剪取一块底膜包扎在绑好的内衬管牵引头部。启动卷扬机，将内衬管拉入原管道。

（4）扎头安装。

在软管两端各安装一个扎头。扎头安装好后，连接风机与扎头之间的气管。

（5）充气和放置紫外线灯。

确定内衬材料拉入合适位置，扎头位于操作坑中心位置，连接气管，充气膨胀。打开扎头盖，拉入紫外线灯，保持压力，使内衬管紧贴原管。

（6）固化和取灯。

打开紫外线灯及CCTV检测系统，控制灯组缓慢移动，固化软管，实时观测相关技术数据，直到整段完成固化后关灯。继续充气冷却，取出灯架。

（7）切割、密封。

松开扎带，卸掉扎头。用切割机切掉固化后多余的内衬管，拉出内膜，新管口与原管口密封处理。

（8）管段连接，恢复通水。

3. 预期效果

(1) 修复后的管道满足原有的供水设计能力;

(2) 工程质量一次验收合格率100%;

(3) 施工期间无重大安全、卫生及环保等事故发生,确保达到区标准化工程和文明工地标准。

6.2.3 内衬材料性能

内衬软管符合下列要求:

(1) 内衬软管涉水层材料通过卫生检测,取得省市级以上的《涉及饮用水卫生安全产品卫生许可批件》或省市级疾病预防控制中心的检验报告;

(2) 软管可由单层或多层聚酯纤维毡或同等性能的材料组成,并与所用树脂亲和,且能承受施工的拉力、压力和固化温度;

(3) 多层软管各层的接缝错开,接缝连接应牢固;

(4) 软管的横向与纵向抗拉强度不得低于5MPa;

(5) 软管的长度应大于待修复管段的长度,固化后应能与原有管道的内壁紧贴在一起。

内衬材料技术指标如下:

(1) 短时弯曲弹性模量:$20500N/mm^2$;

(2) 长期弯曲弹性模量:$16000N/mm^2$;

(3) 衰减因子:1.28;

(4) 使用年限:30年;

(5) 抗拉强度:$95N/mm^2$;

(6) 弯曲强度:$200N/mm^2$。

6.3 工程实施

本工程中兰州路(河间路—龙江路)为DN900供水管线,全线总长度600m,采用紫外光原位固化非开挖修复技术进行修复,对无法采用非开挖修复的管段(如三通等)采用常规排管工艺。其中,560m采用紫外光原位固化修复技术,另外40m采用常规排管工艺。整个路段设置5个工作坑,兰州路(河间路—龙江路)工程工作坑分布示意图如图6-3所示,兰州路(河间路—龙江路)各工作坑间管段修复长度如表6-1所示。

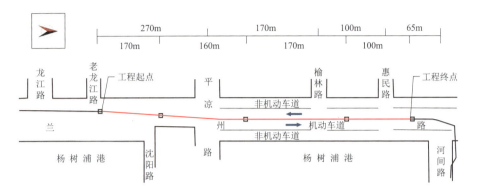

图6-3 兰州路(河间路-龙江路)工程工作坑分布示意图

兰州路(河间路-龙江路)各工作坑间管段修复长度　　　表6-1

序号	工作孔编号	管径	长度(m)
1	1~2号工作孔	DN900	81
2	2~3号工作孔	DN900	170
3	3~4号工作孔	DN900	154
4	4~5号工作孔	DN900	155

6.3.1 管道检测与评估

1. CCTV检测

对于待内衬修复的管段,要进行管道CCTV检测(图6-4),在检测过程中,如果遇到管内的障碍物或凸起管垢使得管道CCTV设备(图6-5)无法继续前进作业,应采用机械或人工的方式进行清理,待完成清理后,继续进行剩下管道的CCTV检测。

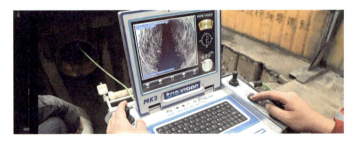

图6-4 管道CCTV检测

图 6-5　管道 CCTV 设备

2. 管道状况评估

铸铁管管垢随运行时间的增加而不断增厚，当水流流速、流向和水压发生突发性、大范围波动时，管垢脱落，产生铁释放现象，导致管网水浊度、色度等指标上升。同时管垢导致管道截面变小，供水管理部门需要加压以增加流速，导致灰口铸铁管的石棉水泥接口松动损伤，使得管内的水压下降以及管道漏损。根据管道 CCTV 检测显示，管道内壁水垢分以下两种情况：

（1）在直路管上，水垢总体量较多，较为疏散（图6-6）。

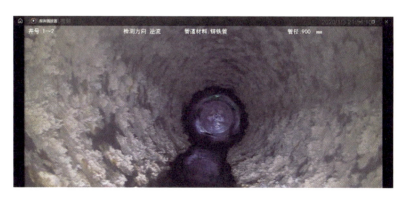

图 6-6　直路管水垢

（2）在管道连接处，锈蚀、水垢沿着管道内壁环形生长，缩小管道过流断面（图6-7）。

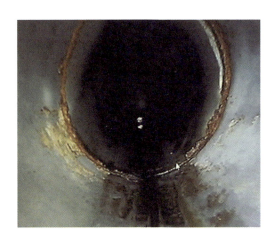

图 6-7　管道连接处水垢

6.3.2　施工准备

（1）施工前，按待修复管道的竣工资料进行现场勘察。兰州路（河间路—龙江路）供水管线，由于敷设时间较早，没有详细的竣工资料，在开挖前对待修复管道进行了物探，以确定主管、支管、阀门、弯管等的具体位置、规格、数量、埋深等情况。

（2）对施工范围内的其他管线、地上地下构建筑物进行勘察，办理电力电缆、通信电缆、军用电缆、天然气管道等地下管线的交底手续，并进行相应地下管线管理单位的现场交底。

（3）将工作坑设置在原阀门、三通等位置，尽量避开地上地下的构建筑物、公用管线、十字路口、企业、居民小区的出入口。

（4）由于兰州路（河间路—龙江路）段紧邻上海市杨浦区的主要河流杨树浦港，工作坑开挖后地下水位高、水量大，同时工期正值雨季汛期，为防治流沙涌入和土体塌方，开挖以后采取加固钢板支护防止事故发生。

6.3.3　管道预处理

工程中使用了电动刮管器（图 6-8）进入管道将原管道内壁的管垢和锈蚀刮除，再将高压管道疏通车的喷头牵引至管道另一端，将水压加大至 10～20MPa 后，一边回拖输水管一边用高压水流冲刷原管道内壁残留管垢和被电动刮管器刮下的管垢锈蚀（图 6-9）。

图 6-8 电动刮管器

图 6-9 高压管道疏通车冲刷管垢锈蚀

6.3.4 施工过程

1. 底膜铺设

底膜铺设中,在原管口人工平整底膜,为后续抽取底膜提供方便(图 6-10)。

图 6-10 底膜铺设

2. 拉入内衬软管

启动卷扬机,将内衬管缓慢拉入管道,当地面的内衬管剩余较少时,停止卷扬机,将下料端扎头绑好,继续拉入到合适位置,接收坑处由人工下坑安装接收扎头(图6-11)。

图6-11 内衬软管拉入

3. 软管充气和放置紫外线灯(图6-12、图6-13)

放置紫外线灯时应小心谨慎,由熟练工操作以免划破软管内膜。

图6-12 软管充气

图6-13 放置紫外线灯

4. 软管固化和取灯

软管固化（图 6-14）在紫外线灯全部开启后开始，控制紫外线灯行进速度。固化结束后先关闭高压风机、拆除井内滑轮，再拆除高压风管、气压表管、扎头端盖，取出紫外线灯，最后拆除与紫外线灯连接的耐高温绳、电缆。

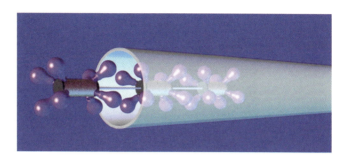

图 6-14　软管固化

5. 切割、密封

在安装止水双胀环和橡胶止水带前应检查固化后的内衬管与原管道内壁是否紧贴，如有缝隙应用食品级密封胶泥将缝隙嵌满（图 6-15）。

图 6-15　安装止水双胀环和橡胶止水带

6. 管道接拢

管道修复后，各个管段之间的采用管道伸缩节连接，管道接拢如图 6-16 所示。

7. 弯管处理

目前的供水管道结构性紫外光固化修复方式在修复弯管时会产生褶皱，为了满足工程质量要求，弯管修复采取喷涂高分子内衬的方法。

图 6-16 管道接拢

8. 管道水压试验、冲洗消毒及并网

管道修复完成后,需要进行水压试验。本工程管道设计压力为 0.5MPa,水压试验压力为 1.0MPa。管道水压试验操作规程和技术要求详见《给水排水管道工程施工及验收规范》GB 50268-2008。试验水采用干净、卫生的生活用水或自来水。

本工程采用非开挖修复工艺,采用分级升压,每升一级应检查支墩、管身及接口,当无异常现象时,再继续升压。从 0.5MPa 至 1MPa,分 5 次升压,每次增加 0.1MPa,每次升压后维持 10min,接口、管身无破损及漏水现象后继续升压,直至完成水压试验。

管道水压试验后,进行冲洗消毒。管道冲洗要求以流速不小于 1.00m/s 的冲洗水连续冲洗,直到出水口处浊度、色度与入口处冲洗水浊度、色度相同为止。管道应采用氯离子浓度不低于 30mg/L 的清洁水浸泡 24h,再次冲洗,直至供水管理部门取样化验合格为止。冲洗消毒后 72h 内进行并网。

6.4 建设效果及创新点

6.4.1 建设效果

修复后的管道满足原有供水能力及所在地区管道养护要求,使用年限满足管道设计使用年限要求,水质符合国家的饮用水安全标准。同时该技术不需要热水锅炉,软管采用气压膨胀,不使用自来水,节约了能源和水资源。考虑城市交通流运行情况,工程的施工时间选择在深夜交通流量最低的时段,对城市繁忙路段的交通影响非常小，即使面对突发的交通流量增大现象，也可以采取将车载式施工设备移开，再采用操作坑临时敷设钢板放行车辆的方法来疏解突发的交通流量。

该工艺具有以下技术特点：

(1) 施工时间短，固化速度0.5~1.0m/min；

(2) 内衬管具有更高的抗弯弹性模量与抗弯、抗拉强度，延长管道使用寿命；

(3) 施工现场不使用水或蒸汽养护，提高施工安全性；

(4) 与其他非开挖修复方式相比，其管壁相对较薄，使得原管道断面损失小，保持了管道输送能力。

6.5 结论

6.5.1 项目建设经验

(1) 由于紫外光原位固化非开挖修复技术相较于传统开挖施工方法，在设备、材料准备和进场等方面更加紧凑，因此在工程施工开展前，要做好与施工相关的如交通、市政道路、供水等管理部门的联系工作，提前办妥相关的证照手续，使得在管道修复工程开始后，施工的进展、节奏效率更能符合其施工特点，更好地提升其施工效率，缩短工期。

(2) 紫外光原位固化非开挖修复技术在供水管道领域相较于其在排水管道领域的使用较晚，因此，需要对现场的施工操作人员进行针对供水管道特性的技术培训，如固化后管口的密封、接拢等技术，以免因为施工操作人员在技术上不熟练而对供水管道并网后的密封性产生影响。

(3) 紫外光原位固化非开挖修复技术在施工时的自动化程度相较于传统排管工艺较高，施工操作人员在施工时容易疏忽，如软管加压和固化阶段，在这些阶段有时会发生气压、电力减弱现象，因此，要求施工单位在施工阶段制订严格的操作规程并严格执行，保证施工安全及质量。

6.5.2 项目难点与解决策略

(1) 目前国内的紫外光固化供水管道修复工艺以进口的内衬软管为主，相比其他修复工艺在节能、使用寿命、安全性等方面具有优越性，但其在材料价格上相比其他工艺支出更大，特别是内衬软管中树脂卫生性能要求更高。建议抓紧对符合要求的树脂进行国产化研制，满足国内市场需求。

（2）紫外光固化供水管道修复工程中，在遇到三通时需要先将三通截取，对直路管道采用紫外光固化工艺修复、三通采用高分子材料喷涂后，再将三通安装在原来位置，这样就增加了在管道上的连接口，破坏了管道的整体性，增加了渗漏水的可能性。

建议在遇到上述情况时，三通可和直路管道一起采取紫外光固化软管整体内衬修复。内衬固化后，在三通口处采用人工或小型机器人进入管内切割，如果地面交通等条件允许，也可以采用地面开挖工作坑至三通管口以下 5mm，从三通外侧切割掉三通管口处的紫外光固化内衬材料，再将食品级环氧树脂从内衬外侧与原管道内壁缝隙处注入修补，沿着三通缝隙 360°注满 1MPa 环氧树脂后，用高分子材料喷涂三通嘴内壁。采用此方法三通不用截取，与直路管道形成整体，且紫外光固化内衬与原管道紧密贴合，共同抵御供水管道的内外荷载，增加了供水管道的工作使用年限。

业主单位：上海城投水务（集团）有限公司供水分公司
设计单位：上海市水利工程设计研究院有限公司
建设单位：上海水务建设工程有限公司、萨泰克斯管道修复技术（平湖）有限公司、东华大学
案例编制人员：陈卫星、陶伟

7 上海河南南路 DN1000 给水管道原位热塑成型（FIPP）非开挖修复工程

7.1 项目概况

上海河南南路 DN1000 球墨铸铁管供水管道，原管道工作使用年限较长，老化锈蚀（图 7-1）、漏水严重，影响供水水质并具有爆管事故风险，威胁居民安全用水。该管道地处交通要道且周围管线复杂，为减少修复施工对交通、环境和居民的影响，本工程采用原位热塑成型（FIPP）非开挖修复技术进行修复。在连接时管道接口处将内衬管翻边至原管道法兰片上，与下节管道采用橡胶圈+螺栓连接，保证了连接可靠。

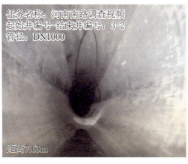

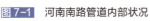

图 7-1 河南南路管道内部状况

7.2 技术方案

7.2.1 工艺原理

原位热塑成型修复技术简称 FIPP（Formed-In-Place Pipe），主要利用热塑性高分子材料可多次加热成型、重复使用的特点，将工厂预制衬管加热软化，牵引置入原有管道内部，通过加热、加压与原管紧密贴合，然后冷却形成和原管道紧密贴合的内衬管。原位热塑成型（FIPP）修复工艺流程如图 7-2 所示。

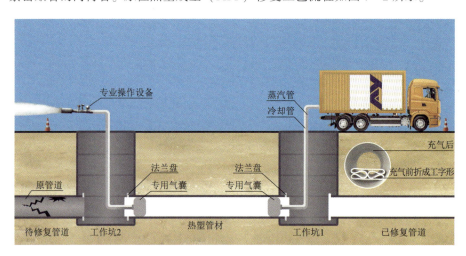

图 7-2 原位热塑成型（FIPP）修复工艺流程

7.2.2 材料性能

原位热塑成型（FIPP）修复技术所用的内衬管采用工厂预制成型管道。由于现场安装不改变管材除形状外的任何材料特性，内衬管材料性能可以在安装之前确定。物理力学性能如表 7-1 所示。

原位热塑成型内衬材料物理力学性能　　　　表 7-1

性能指标	指标	性能指标	指标
弯曲强度（MPa）	≥40	拉伸强度（MPa）	≥30
弯曲模量（MPa）	≥1600	断裂伸长率（%）	≥25

7.2.3 卫生性能

内衬管道应取得"涉及饮用水卫生安全产品卫生许可批件"，管道修复完成后还应按现行国家标准《给水排水管道工程施工及验收规范》GB 50268 的有关规定对管道进行冲洗消毒和水质检验。

7.3 项目施工

7.3.1 管段划分及工作坑设置

本工程内衬管材料壁厚选取为 10mm。修复时需根据管道本身支管、消火栓、阀门、新接支管等管道附属设备状况设计工作坑位置，本工程将待修复管段划分为 3 段，总长 233m，其中最长段为 110m，K4 工作坑位置增加阀门，管段划分如表 7-2 所示。

管段划分汇总表　　　　　　　　　　表 7-2

序号	路段编号	待修复管径（mm）	长度（m）
1	K1~K2	1000	110
2	K2~K3	1000	110
3	K3~K4	1000	13
合计			233

工作井尺寸如表 7-3 所示。

工作井尺寸　　　　　　　　　　表 7-3

序号	工作坑编码	尺寸（长×宽，m×m）	深度（m）	备注
1	K1	2×3	2	—
2	K2	2×3	2	—
3	K3	2×3	2	—
4	K4	2×3	2	增加阀门

7.3.2 施工准备

（1）搜集施工范围内的工程地质条件、地下水位、管线分布等及附属构筑物的详细图纸资料，并进行现场踏勘检测，准备修复前技术资料，确保资料完整准确。并将搜集到的资料整理成册，编制施工技术文件。

（2）核实待检测管道区域内的建筑物、构筑物、交通状况等周边环境条件，根据管线图纸核对管径、管材、管道埋深及附属构筑物等资料，对于图纸不一致或错误的重新标注，并对每个附属构筑物、阀门井拍摄现场照片。

(3)根据施工方案配置相应的技术人员、设备、资金,整理施工设备合格证报监理审批,并根据当地道路施工占用要求进行报备。本工程施工人员表如表 7-4 所示;

施工人员表　　　　　　　　表 7-4

工种	人数（人）	工种	人数（人）
管道修复工	6	电工	1
普工	7	总计	14

(4)各组施工人员对配置的设备进行测试,确保设备能正常运行。人员进场后立即采用路锥及警示杆作为围挡。本工程主要施工设备表如表 7-5 所示。

主要施工设备表　　　　　　　　表 7-5

序号	设备名称	规格、型号	数量（台）	备注
1	CCTV 检测系统	SINGA	1	管道检测
2	泥浆泵	56/min,YBK2-112M-4	2	清淤
3	潜水泵	100SQJ2-10,$2m^3/h$	2	调水
4	鼓风机	T35,$1224m^3/h$	2	管道通风
5	发电机	TQ-25-2	1	设备供电
6	空气压缩机	$5m^3/min$	1	衬管冷却
7	蒸汽发生器	300kg/h	2	衬管加热
8	卷扬机	—	1	衬管拖入
9	管塞	—	2	封堵

(5)施工前项目部进行书面技术交底和安全交底,明确各项目管理人员及班组的任务,包括施工质量控制过程程序、相关技术资料的填写和整理要求,相应人员在书面交底记录上签字。施工班组长填写《下井作业申请表》(见《城镇排水管道维护安全技术规程》CJJ 6-2009 表 A-1),并报项目部审批。

7.3.3 工作坑开挖及断管

工作坑开挖需采取降排水、支护、地基处理等措施时,应符合现行国家标准《给水排水管道工程施工及验收规范》GB 50268 的有关规定。本工程位于城市主要交通道路,因此工作开挖过程中采用钢板桩进行支护,现场工作坑如图 7-3 所示。

工作坑开挖完成后,需切断现有管道,断管长度 1.5m,两边各预留 0.5m,断管处需要安装相应的法兰,内径与原管道内径一致。法兰安装牢固,不得有任何轴向和径向的位移。

7.3.4 管道清洗

井下作业前,应开启作业井盖和其上下游井盖进行自然通风,且通风时间不小于 30min。本工程需修复的管道为球墨铸铁管和自应力管,采用高压清洗设备进行冲洗,清洗后的管道必须保证衬管拖入过程中对内衬管道无损害。管道高压清洗作业如图 7-4 所示。

图 7-3 工作坑

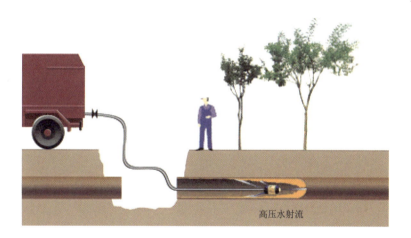

图 7-4 管道高压清洗作业

7.3.5 衬管安装

(1) 衬管预加热

衬管材在工厂挤出后缠绕在木质或钢质的轮盘上置于修复工具车上运输至施工现场。衬管运到现场后,在对待修管道进行清洗的同时开始对衬管进行预加热。预加热时,将衬管放入预制的蒸箱或用塑料篷布覆盖(图 7-5),加热的时间宜为 1~3h,衬管软化后方可拖入待修管道。

图 7-5　衬管现场预热

（2）衬管拖入

衬管的预加热完成之后，立即开始拖入旧管。预制衬管为 C 形或工字形，以减小衬管的横截面积，方便衬管拖入待修管道施工。衬管拖入前检测卷扬机的绳索是否处于完好状态，卷扬机绳索与卷盘上的衬管应连接牢固。在拖入过程中，下游通过卷扬机和上游衬管连接，施工人员辅助将衬管安全快速拖入待修复管道中。衬管拖入过程中，上下游的施工人员可通过对讲机联系，相互配合。衬管拖入应在衬管软化状态时完成，若衬管在拖入中途已冷却变硬，则重新加热软化后再行拖入。

（3）衬管端口封堵

衬管拖入完成后，对衬管两端露出待修复管道端头部分重新进行加热，待软化后用专用管塞将衬管的两端封堵。上游管塞中部设有通气管与蒸汽发生机连接，管道下游的管塞连接带有阀门、温度和压力仪表的蒸汽管，图 7-6 为衬管端口封堵示意图。

（4）加热加压与冷却成型

衬管复原过程中，通过蒸汽发生机向衬管内输送水蒸气再次加热衬管，待温度达到材料软化点时，逐渐关闭下游蒸汽管上的阀门。在衬管复原过程中，通过下游的温度表及压力表实时监测衬管内的温度及压力，衬管成型过程中温度不宜超过 95℃，压力不宜超过 0.15MPa。并在管道的上游端口实时观察衬管复原状况，当观察到衬管紧贴于待修管道后，停止蒸汽发生机输送水蒸气。衬管加热复原后,在保持原有压力的情况下,将衬管内的蒸汽逐渐置换成冷空气。置换过程中应实时监测下游的温度表,当温度降低到 40℃ 以下时,方可打开阀门,释放衬管内的压力。图 7-7 为衬管成型示意图。

图 7-6　衬管端口封堵示意图

图 7-7　衬管成型示意图

(5) 端头处理

修复后管道两端切除多余管头,使用专用操作设备进行翻边处理,保证给水管道法兰连接的密封性,衬管端头翻边处理如图 7-8 所示。

图 7-8　衬管端头翻边处理

7.3.6 修复后管道连接

（1）支管连接

支管位置端口进行翻边处理后，采用阀门接头、法兰和三通管件进行连接，阀门接头、法兰和三通管件安装如图 7-9 所示。

图 7-9 阀门接头、法兰和三通管件安装

（2）端口连接

修复后衬管末端进行翻边处理后，采用法兰连接，端口法兰连接如图 7-10 所示。

图 7-10 端口法兰连接

（3）修复效果检测

施工完成后，采用 CCTV 机器人检测修复后管道内部情况。衬管外观质量、管道结构完整性、接口质量、管道的稳固性、工作坑的处理均符合现行行业标准《城镇给水管道非开挖修复更新工程技术规程》CJJ/T 244 的相关规定。修复后管道内部修复效果如图 7-11 所示。

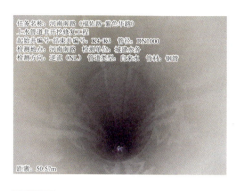 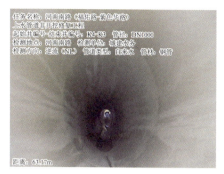

图 7-11　管道内部修复效果

7.4　建设效果及创新点

本工程为原位热塑成型（FIPP）修复技术在国内 DN1000 大口径供水管道修复中首次使用，并成功解决了弯管的修复。经 CCTV 检测，新管道内壁表面光滑，与原管道贴合紧密，管道过流断面损失小，且保证了供水管道的水质安全。通过本工程表明，原位热塑成型（FIPP）修复技术具有单段施工长度长、可承受内压和负压、外荷载和振动荷载等特点。同时还可以解决给水管道修复的部分难点问题，如弯管修复、管道接口等。具体工艺特点如下：

（1）该工艺施工设备为车载装置，灵活便捷，占地面积小，施工速度快，工期短。本工程总计工期 15 天。

（2）修复完成后，内衬管与原有管道紧密贴合，不需灌浆，内衬表面连续、光滑，粗糙系数小，旧管道过流能力得到显著改善。

（3）衬管强度高，韧性好，抗腐蚀能力强，延长管道工作使用年限；同时衬管卫生性好，对输送介质无污染。

业主单位：　上海城投水务集团有限公司供水分公司
设计单位：　上海市水利工程设计研究院有限公司
建设单位：　安越环境科技股份有限公司
案例编制人员：　廖宝勇、逄仲森、赵伟

8 哈尔滨南岗区哈平路—马家沟老旧管道翻转式原位固化法非开挖修复工程

8.1 项目概况

哈尔滨供水集团菅草岭（哈平路—马家沟）原有供水管线为铸铁管，公称直径 DN900，长度 1214m，日常运行压力 0.6MPa，哈平路—马家沟管线平面示意图如图 8-1 所示。该管道已使用 36 年，铁锈泥沙沉积，内壁锈蚀结垢严重，严重影响供水水质。且由于使用年代久远，管道渗漏、爆管风险极高，被列入哈尔滨老旧管网改造计划之列。

该供水管道全段经过密集棚户区、植物园，植物园内百年老树茂盛、道路狭窄、车辆进入困难，开挖施工难度大；施工图残缺不全，需进一步确定管线路径。管道沿线上空有千伏高压线，对探测仪器信号干扰大。针对此情况，施工单位前期探测确定管道走向，开展方案综合比较，最终采用翻转式原位固化法非开挖修复工艺完成管道修复更新。

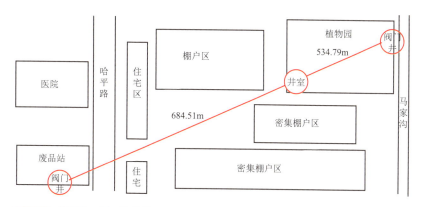

图 8-1　哈平路—马家沟管线平面示意图

8.2　技术方案

翻转式原位固化法非开挖修复工艺依据待修复管道的内径，制造同管径复合PE保护膜的聚酯纤维增强复合软管，然后将之灌入专用环保环氧树脂后制成内衬软管。施工时利用专用气翻设备，将该内衬软管翻转送入需修复管内之后，利用空气压力使该软管膨胀并紧贴在旧管道内。在常温常压状态下环氧树脂固化成型，在旧管道内形成一层高强度的内衬新管，完成老旧管道修复，复合软管结构示意图如图 8-2 所示。

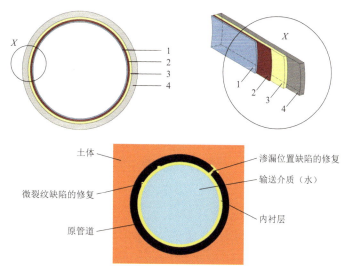

1—PE 层；2—聚酯纤维毛毡层；3—聚酯纤维编织层；4—原管道

图 8-2　复合软管结构示意图

翻转式原位固化法内衬管用于管道功能性和半结构修复，可承受内部水压，防止管道爆管和漏损。该工程设计内衬管厚度为 6mm，弯曲强度大于 31MPa；弯曲模量大于 1724MPa；抗拉强度大于 21MPa，可承受 10kg 水压，满足实际运行要求。

8.3 实施情况

8.3.1 施工流程

根据修复工艺的技术要求，首先管道内部不应有影响内衬管置入的杂物；其次，应确保原有管道内表面没有过大孔洞。对于由于管道设计、施工不合理或管道渗漏等造成的管道地基问题，应对管道地基进行加固，保证管道地基稳定。

其施工流程包括管道探测定位、作业坑开挖、关闭阀门和断管、管道内积水排除、CCTV 内部检测、清管、翻转施工、软管固化、水压试验和消毒等。施工流程图如图 8-3 所示。

图 8-3 施工流程图

1. 管线探测

利用管线仪探测原有管线的路径，探测仪由发射机和接收机组成。发射机产生电磁波，并通过电磁感应将信号施加到地下金属管道。接收机检测到相同频率的电磁波信号，根据信号的大小和变化规律，可以确定地下金属管线的深度和走向等信息。再使用 CCTV 法检测管道内部情况，查找管道内部缺陷，图 8-4 为管线电磁探测与 CCTV 法检测。

2. 作业坑开挖

本工程共需要开挖三个作业坑，分别位于管道两端和管线中间 600m 处，中间工作坑用于断管作业。

(a)

(b)

图 8-4 管线电磁探测与 CCTV 法检测

(a) 管线电磁探测;(b) CCTV 法检测

(1) 在待修复管线的路段区间新开挖作业坑,也可借助原有的阀门井(阀门井施工过程中要将原有阀门进行拆除,翻转修复完成后再重新装回),作业坑尺寸约为 3m×3m,作业坑深度为比原管道底部深 30cm 左右。

(2) 作业坑开挖采用机械与人工相结合,以机械施工为主。严格控制开挖深度,不得超挖,并人工清底。

(3) 开挖作业坑时,要注意检查管线应与坑中心线对齐,管底尺寸应满足设计要求,沟内无塌方、无积水、无各种杂物碎石,宽度、深度符合设计要求。

(4) 作业坑开挖完毕后进行断管作业,每个作业坑需要截下的短管长度为 2m,也就是断口间距为 2m。

3. 管道清理

清管采用专用"颗粒"清管器,以卷扬机作为前进动力,拖动清管器在管道内前进,以此清理管道内部泥沙等沉积物和锈蚀,并将脱落的碎片清理出管道。清理次数视管道内管瘤、锈蚀、沉积物堆积情况而定,以达到施工要求为准。

4. 管道排水及烘干

清理完成后采用柴油暖风机对管道进行烘干,做到管道内表面光滑干燥。烘干处理的主要目的是去除管道内的水分,避免水蒸气在管道内形成液态水,影响内衬管与母管内壁的粘接强度。对于低处管道需要抽水、吸水及烘干。

图 8-5　颗粒清管器

(1) 抽水:使用自吸式抽水泵抽至较低水位,转用低水位专用抽水泵继续抽水,至低水位水泵不能工作为止。

(2) 吸水:以卷扬机为动力,使用聚氨酯泡沫吸水型清管器清理管道,将低处管道内的可见存水吸干。

(3) 烘干:使用柴油暖风机烘干,对着一端管口吹 2h,然后换至另一端吹 2h,使得管道内壁干燥。

颗粒清管器如图 8-5 所示,管道内壁清理前后如图 8-6 所示。

图 8-6　管道内壁清理前后

5. 纤维软管制作和运输

翻转式原位固化纤维内衬软管浸渍高性能聚合物工序在室内完成,避免日光、高温、强光源长时间照射,防止聚合物固化板结。浸渍高性能聚合物的抽真空、搅拌、传送、碾压等设备必须齐全、完好,达到浸渍高性能聚合物的技术指标要求,确保浸渍高性能聚合物的质量。纤维软管灌注树脂制作完毕后,由车辆转运至施工现场,如图 8-7、图 8-8 所示。

图 8-7 纤维软管灌注树脂

图 8-8 灌注树脂后纤维软管运输

6. 翻转施工

现场施工包括复合软管翻转入管、保压固化、断口切割、膨胀环安装等环节。翻转入管施工、翻转施工、固化后检测、断口处加装膨胀环如图 8-9～图 8-12 所示。

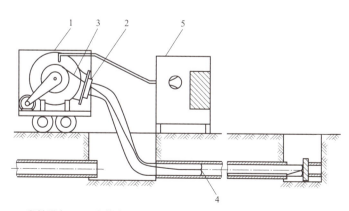

1—翻转设备；2—夹持法兰；3—浸渍树脂的复合软管；4—翻转面；5—动力系统（发电机，空压机）

图 8-9 翻转入管施工示意图

图 8-10　翻转施工

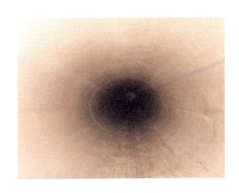

图 8-11　固化后检测

图 8-12　断口处加装膨胀环

（1）利用气翻设备将软管送入原管道中，并进行保压固化。通过气压翻转设备保持牵引、翻转完毕的衬管内气压恒定为 0.02~0.04MPa，待树脂固化时间通常为 36h，软管与管道内壁复合固化为一个整体。

（2）待树脂固化后，进行断口切割，沿管口将多余的内衬切除即可。并由 CCTV 检测器进入管道内检查固化情况，要求修复后管道平滑，无褶皱，检查合格后对断口处加装膨胀节。

7. 打压消毒

对管道及其附属构筑物等进行外观检查，检查合格后对管道进行封堵。本工程水压测试压力要求不低于 0.9MPa，保压时间不低于 30min。压力测试合格后应用含氯清洁水对管道进行浸泡，其中清洁水有效氯离子浓度不低于 20mg/L，对管道进行 24h 浸泡，然后清水清洗。

8. 管道连接

本工程对断开的管道采用"碰口连接"的方法恢复原管道，将一端焊接有法兰的短管套在修复完成的管道中,再将另一个焊接有法兰的短管插入另一端,中间接口处用两个法兰固定。

作业坑回填前应将坑底积水及杂物清理干净。回填土先填实管底,再同时填管两侧,然后回填至管顶以上 0.5m 处,待管道检验合格后进行回填,管顶以上 0.5m 处采用人工夯实。路面进行原样恢复。

管道连接如图 8-13 所示。

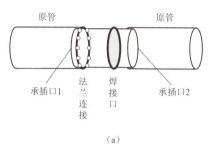
(a)

(b)

图 8-13　管道连接

(a) 管道连接原理图;(b) 管道连接现场照片

8.4　结论

翻转式原位固化法非开挖修复工艺具有对地面干扰小、施工速度快、综合成本低等特点。该技术主要侧重于长距离、大弯度、供水管道内衬修复工程,通过本工程总结出以下技术特点:

(1) 恢复使用功能、延长使用年限。翻转式原位固化法非开挖修复工艺将内衬层与原管道复合,内衬层兼具结构强度及韧性,封堵了原管道已出现的裂纹和缺陷,恢复管道输送功能。从微裂纹扩展和复合材料角度考虑,这种牢固粘接原管道的内衬结构,限制管材微裂纹的进一步扩展,起到了"增韧"作用,恢复管道在"正常运行压力"条件下稳定、安全使用的功能。同时,减缓缺陷和病害进一步发展,增加了管道的使用寿命。

(2) 修复距离长。得益于常温固化的特点,以及翻转设备的改进,可以实现大管径管道单段长距离修复。本工程单段一次性修复距离达到了 400m,大大提高了施工效率,最大程度减少沿线路面的破坏。

(3) 适应一定角度弯头。翻转式原位固化施工,内衬新管进入管道后可以根据原管道的路径前进，有弯头的部位可以直接穿过，固化后可以直接投入使用，避免了在弯头处开挖造成的工期延长以及资金浪费。

> **业主单位：** 哈尔滨供水集团有限责任公司
> **设计单位：** 哈尔滨市工程建设监理有限公司
> **建设单位：** 鼎尚（珠海）科技发展有限公司、顾德防腐工程有限公司、哈尔滨城市环境建设集团有限公司
> **案例编制人员：** 张富鑫、许勃、李玉大

排水管网

9 江西省鹰潭市信江新区污水管网系统提质增效项目

9.1 项目概况

9.1.1 项目现状

1. 排水系统现状

江西省鹰潭市信江新区现有一座污水处理厂（2017年底投运），现处理规模2.0万 t/d，远期规划为6.0万 t/d，出水水质达到一级A排放标准。

按照开发程度及人口分布情况，信江新区分为南片区和北片区。信江新区南片区为雨污分流排水体制，面积11.28km^2；信江新区北片区除散落的排水单元外，以城中村为主，面积16.47km^2，信江新区现状排水体制如图9-1所示。

根据片区管网排查结果，信江新区已建市政污水管网总长约87.6km，其中信江新区南片区污水管网总长度约73km，信江新区北片区污水管网总长度约14.6km。污水主干管分布在麒麟大道及和平路，麒麟大道污水主干管

图9-1 信江新区现状排水体制

自信江大道至信江新区污水处理厂，长约 3.6km，管径为 DN600～DN1000；和平路污水主干管自信江大道至麒麟西大道，长约 2.3km，管径为 DN500～DN600。已建的污水提升泵站共 4 座，1 号、2 号、3 号、4 号污水提升泵站设计流量分别是 2.74 万 t/d、1.85 万 t/d、2 万 t/d、1.5 万 t/d。信江新区污水管网共可分为 6 个污水排水分区，其中新区东侧主要为 4 个污水提升片区，新区西侧为 2 个重力自流片区。信江新区污水设施现状图如图 9-2 所示。

图 9-2 信江新区污水设施现状图

2. 污水厂进水情况

目前，信江新区已解决了黑臭水体问题，但根据 2021 年的污水处理厂运行数据，信江新区污水处理厂的进水主要污染物浓度和处理效能仍较低。

(1) 信江新区范围内产污量分析

根据 2021 年 1—11 月信江新区的供水情况，全年信江新区污水处理厂服务范围内的日均供水量约为 1.48 万 t，产污系数按 0.85 计，理论污水产生量约为 1.2 万 t/d（污水收集率按 95%计），而信江新区污水处理厂 2021 年 8—11 月的日均处理量约为 1.63 万 t，污水处理厂的处理水量高于产污量，2021 年 1—11 月信江新区产污量与进厂水量对比图如图 9-3 所示。

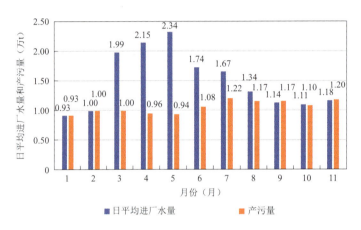

图 9-3　2021 年 1—11 月信江新区产污量与进厂水量对比图

由 2021 年 1—11 月数据可知，信江新区污水处理厂平均进水量为 1.51 万 t/d，进水 COD 平均浓度为 100.56mg/L，进水 BOD_5 平均浓度约为 23.88mg/L，2021 年信江新区污水处理厂进厂水质水量图如图 9-4 所示。

图 9-4　2021 年信江新区污水处理厂进厂水质、水量图

根据 2021 年信江新区污水处理厂水质水量全年监测数据，信江新区污水处理厂 2021 年全年平均进水量为 1.51 万 m^3/d，雨季（3—6 月）平均进水量

为 2.06 万 m³/d，旱季平均进水量为 1.14 万 m³/d。通过对 2021 年各月的产污量与污水处理量对比可知，3—7 月污水处理厂的进水量远大于产污量，因此可初步判断有大量外水进入污水系统，增大了污水处理厂的处理负荷。而自 2021 年 9 月起，产污量与污水处理厂进水量的差值大大减小，但污水处理厂的进水浓度仍较低，初步判断仍有大量外水进入了污水管网，导致污水浓度被稀释。

（2）污水处理厂进水水量与水质分析

从水量方面看，信江新区污水处理厂在 2021 年处理的污水总量约为 551 万 t。根据进厂水量监测数据，2021 年 1 月到 2 月，信江新区的进厂水量低于 1 万 t/d，自 2021 年 3 月起，进厂水量逐步上升，在四月份达到 2 万 t/d 以上。2021 年 6 月起，进厂水量降低，并在 9—11 月基本稳定在 1.1 万 t/d。

从水质方面看，信江新区污水处理厂在 2021 年的进水浓度整体偏低，以进水 COD 浓度为例，全年平均浓度仅为 100.56mg/L，5 月平均浓度最低，约为 48mg/L，1 月平均浓度最高，约为 143mg/L，在 4—7 月进厂水量较高的时期，进水 COD 浓度均低于 70mg/L，从 10 月开始，进厂水量下降的同时，进水 COD 浓度稳步上升，整体趋势上，水质与水量呈负相关关系，可见外水的入渗对进厂污水浓度的影响较大。

（3）污水处理厂进水可生化性分析

根据《室外排水设计标准》GB 50014 - 2021 确定污水处理厂微生物理想营养比为 $BOD_5:N:P=100:5:1$，经过初沉池或水解酸化后 BOD_5 会有所下降，污水处理厂微生物理想营养比变为 $BOD_5:N:P=100:20:2.5$。信江新区污水处理厂的进厂水质数据分析表明，污水处理厂的可生化性较差，碳源不足，BOD_5/TN 值在 1.82~2.57 之间，低于 5 的参考值；同时，BOD_5/TP 值在 13.74~25.75 之间，部分进水不满足大于或等于 17 的要求。2021 年信江新区污水处理厂可生化性分析统计表如表 9 - 1 所示，2021 年 1—11 月信江新区污水处理厂进厂 BOD_5/TN 变化曲线、BOD_5/TP 变化曲线如图 9 - 5、图 9 - 6 所示。

2021 年信江新区污水处理厂可生化性分析统计表　　表 9 - 1

月份	BOD_5/TN	BOD_5/TP
1 月	1.92	18.33
2 月	1.82	18.37
3 月	2.57	25.75

续表

月份	BOD$_5$/TN	BOD$_5$/TP
4月	2.26	15.65
5月	2.02	13.74
6月	2.05	16.49
7月	2.07	15.02
8月	1.89	14.87
9月	1.90	12.80
10月	1.73	13.10
11月	2.09	15.07
参考值	≥5	≥17

图9-5　2021年1—11月信江新区污水处理厂进厂 BOD$_5$/TN 变化曲线

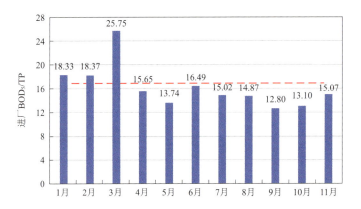

图9-6　2021年1—11月信江新区污水处理厂进厂 BOD$_5$/TP 变化曲线

根据上述分析结果，结合信江新区整体地势较为平缓的特点，初步判断存在管道坡度较小、管道长期处于高水位运行状态，导致污水在管道内停留时间较长而降解了生化需氧量；其次，外水入渗量较大，造成污水处理厂进水生化需氧量浓度偏低。

(4) 污水处理厂污水收集率分析

从 2021 年全年污水处理平均水平来看，信江新区污水处理厂的进厂 BOD_5 平均浓度为 23.88mg/L，根据进水量和人均产污量，计算得到全年的平均污水收集率为 16.04%。2021 年 3—6 月属于雨季，信江新区污水处理厂的进厂 BOD_5 平均浓度约为 16.8mg/L，平均进水量约 2.06 万 t/d，计算得到雨季平均污水收集率为 15.39%。

(5) 污水处理厂现状运行分析

根据上述管网收集系统现状基本分析可知，信江新区污水处理厂在运行过程中主要存在供水量与污水产生量不匹配、污水处理厂规模与规划不匹配、污水进厂浓度与实际不匹配、进厂污水可生化性较差等问题。

9.1.2 存在的主要问题

通过对污水处理厂进水浓度的统计分析，信江新区污水处理厂的不仅存在进水 BOD_5 浓度低的问题，而且污水集中收集率低。

前期共完成 101 个排水单元以及 31 条市政道路排水管道的排查工作。累计排查管网全长 588.60km（市政管网 230.60km，小区管网 358km），市政道路污水检查井 2441 座，累计发现问题点 54558 处，包含结构性、功能性缺陷及混错接点等各类问题。排查结果显示，市政道路雨污水管道问题点 16374 处，其中管道结构性缺陷 16254 处（例如管道破损、管道渗漏、井体渗漏等），市政雨污混接 39 处；小区出水口混接 22 处，市政管网外来水接入点 59 处，（例如：市政道路雨污水主管道错接、水体倒灌、工地水直排等）。排查发现小区管网问题点 38184 处，主要包含管道结构及功能性缺陷、检查井渗漏破裂和立管错混接。污水收集管道系统亟须修复与整治。

9.2 建设内容与建设目标

1. 建设内容

针对污水处理厂进水浓度及片区污水集中收集率低的问题。本工程按照

"收污水、挤外水"的原则，主要建设内容包括市政道路和源头小区的雨污分流改造、排水管网的缺陷修复、预留井的封堵和破损检查井的修复。

2. 建设目标

项目自 2022 年开始，至 2024 年，共 2 年建设期。因地制宜地提出片区污水提质增效可实现"双 60"的阶段性建设目标：信江新区污水处理厂进厂 BOD_5 浓度大于或等于 60mg/L，信江新区污水处理厂服务范围污水集中收集率大于或等于 60%。建设期后进入 PPP 项目 18 年的运维期，通过厂网河湖源一体化与专业运维保障机制，持续实现排水系统提质增效总体目标。

9.3 技术方案

排水系统的提质增效关键在于对现有排水设施最大限度地开发和利用。该项目在实施前，业主单位已对片区排水管网进行全面摸排，建立排水系统台账，坚持以问题导向，着力补齐现状排水设施短板，以排查过程中发现的管网空白、管道缺陷、井室渗漏、错接混接等为重点工作对象，定点改善、改造管线缺陷，从而建设两套独立、健康的污水和雨水排水系统。本次方案设计建立一套从源头小区到市政管网到末端水厂全流程的排水体系，实现收污水、挤外水与完善污水系统的目标。具体包含源头截污工程、外水接入点改造工程、混错节点改造工程与排水管网缺陷修复工程。

排查单位排查结果存在局限性，如排查时间为旱季，CCTV 法检测只能检查明显的管网结构性缺陷和功能性缺陷，对于其他的渗漏点的判断存在局限性和误差，细小的渗漏点在雨季会存在大量的外水入渗，直接影响污水提质增效效果。该项目创新性地引入光纤测温技术，应用管内铺设的光缆对管内水温进行内窥式分布感知，通过判定温度异常点位来快速定位管道外水入流入渗点。

项目建设时同步考虑智慧水务平台建设，实现污水管网污染分级溯源，同时对污水处理厂进厂水质浓度进行提前监测预警，辅助评价新区污水收集率、进厂 BOD_5 浓度达标率及整体工程运行效果的验证，同步保障未来整个运行期提质增效、按效付费。项目方案技术路线图如图 9-7 所示，智慧水务平台如图 9-8 所示。

9 江西省鹰潭市信江新区污水管网系统提质增效项目

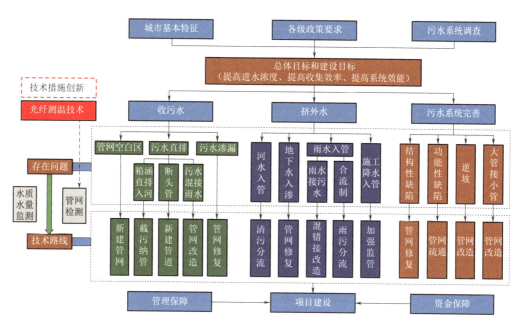

图 9-7 工程项目方案技术路线图

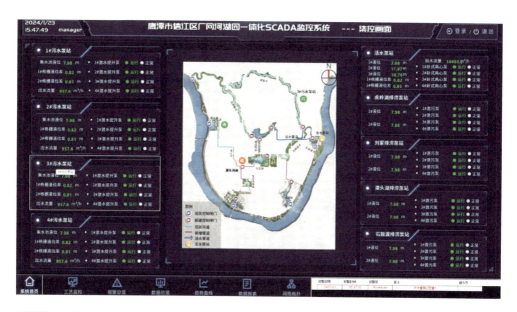

图 9-8 智慧水务平台

9.3.1 源头截污工程方案设计

对于未实现清污分流的小区采用外围截流，外围截流的小区确保晴天合流管与雨水管接驳点处无污水进入下游雨水管，确保雨天时截流水量不会影响外围市政污水系统的正常运行。

本次设计对现状雨、污水管网普查结果进行梳理，找出小区合流管接驳市政管网位置，并对每个接驳点提出改造方案，通过设置截流井使得晴天时污水进入污水管网。

9.3.2 外水接入点改造工程方案设计

根据排查结果，进入市政污水管网的外水类型主要包括：雨污水混接、预留管渗水、工地直排、露天收集和自然水体倒灌。进入雨水管网的外水类型主要为雨污水混接。针对上述不同的混错接类型，提出不同改造设计方案：

（1）雨污水混接：现场实施雨污分流改造，确保污水走污水系统，雨水走雨水系统；

（2）预留管渗水：项目建设范围内因存在大量的未开发片区，周边以草地、坑塘为主，排水系统建设前期预留有大量检查井，因长久未用等原因，导致预留检查井渗漏严重。沿线预留井结合片区的整体规划，实施封堵及修复两种措施；

（3）工地直排：沿线大量的建设工地，施工水的直排增加了污水系统的进水总量，降低了污水处理厂的进水浓度，对于该类问题，建立日常巡查制度，发现问题上报主管部门，加强日常监管；

（4）露天收集和自然水体倒灌：对于该部分问题，直接封堵污水井，切断外水入侵通道。

9.3.3 错混接点改造工程方案设计

根据管网普查成果，信江新区夏埠以南片区小区排水出水主管与市政主管接驳处存在混接情况。本工程排水管网混接点共需整改 98 处。

根据信江新区市政排水管网现状问题成因分析，雨、污水管道的混接是造成自然水体污染及污水处理厂进水浓度低的一个重要原因。本设计对现有雨、污水管网普查结果进行分析，找出信江新区雨、污水管道混接位置，并对每个位置提出混接改造方案。若现有雨、污水管道能够满足混接改造要求，则利用现有管道进行改造；若现有雨、污水管道不能满足混接改造要求，则在旁侧新建雨、污水管道把雨水或污水接入最近且满足要求的管道。

改造设计原则如下：

（1）污水接入雨水：对于市政道路污水主管接入市政道路雨水管的情况，

将污水入雨水通道口封堵，新建污水管将污水整改接驳至现有市政污水系统。

（2）雨水接入污水：对于市政道路雨水主管接入市政污水管的情况，将雨水入污水通道口封堵，新建雨水管将雨水整改接驳至现有市政雨水系统。

9.3.4 排水管网缺陷修复方案设计

排水管道修复方案的确定需要考虑多方面因素，包括工程投资规模、管道安全性、施工对周边地区的影响以及工程的社会环境效益等。因此，本工程综合考虑上述因素后对管道进行修复方案的确定。

目前排水管道修复方式包括开挖修复和非开挖修复两种。项目采用了管道顶拉管施工、检查井聚脲喷涂修复、导流管施工等多种新型工艺技术，不仅提高了施工速度，而且降低了路面破坏和交通影响。

本工程管道修复原则上优先利用非开挖修复技术，可以有效克服开挖修复带来的环境、交通等问题，在对周围环境影响最小的情况下完成排水管道的修复，同时可较好地解决水土流失、地下水渗漏等困扰城市排水系统运行的问题。但对于结构性损坏较为严重、采用非开挖修复技术不能满足修复要求的管道采取开槽埋管、顶管法或牵引法进行更新。

本工程综合考虑管径、缺陷等级、修复部位数量、损坏类型等因素。制订以下修复方案选择原则：

对于渗漏、腐蚀均采取局部或整体非开挖修复；对于接口材料脱落、支管暗接、异物穿入的情况，进行接口材料切割、异物切割及支管溯源封堵后采取局部修复；对于 1、2 级的脱节、破裂、错口缺陷，采取局部树脂固化修复；对于 1、2 级的变形及起伏缺陷，若不影响管道正常使用则暂不修复，若缺陷引起管道渗漏、土体涌入或存在此类风险的，则采取局部修复方案；对于无法采取非开挖修复的管道严重性结构性损坏（3、4 级的变形、破裂、错口、起伏或脱节），根据实际情况，采取局部或整体翻排、换管位顶管等方式更换污水管。

对于管道功能性缺陷，在进行管道清淤、冲洗后，对树根、混凝土固结物、残墙坝根等采取机械切割或拆除方式清除，并对局部管道管口砖砌封堵进行拆除处理。

9.3.5 化粪池改造方案设计

根据管网普查结果，信江新区小区内部的化粪池多为砖砌，由于设计、施工、使用、管理等方面的诸多问题，导致化粪池使用 1~2 年后开始渗漏，污染了地下水、供水管道、河湖，甚至造成建筑物基础不同程度沉降。另外，由于化粪池养护不到位，容易出现沼气中毒、爆炸等安全隐患问题。

依据《室外排水设计标准》GB 50014-2021 第 3.3.6 条规定，城镇已建有污水收集和集中处理设施时，分流制排水系统不应设置化粪池。国内许多省份、城市已进行了取消化粪池的实践并已广泛推行，例如上海、广州、杭州、香港、山东等。以山东省为例，山东省住房和城乡建设厅、山东省生态环境厅、山东省发展和改革委员会联合发布《关于开展城市污水处理提质增效三年行动的通知》，要求新建居民小区、公共建筑和企事业单位一律取消内部化粪池。

本工程依照法律、法规技术标准及国内众多城市的推行经验，在严格雨污分流下，对信江新区小区化粪池进行取消设计。对原有污水管管径多为 DN200、坡度不畅的管道进行改造，将小区内部污水主管起始管径调整为 DN300，增大坡度，减少管道堵塞的可能。同时在小区污水主管总出口设置格栅检测井，便于后续运维清掏及对小区污水总出口水质水量的监测。

9.4 实施情况

本项目市政道路管网改造 29 条，改造总长度 41178m，已全部完工。分两批督促源头小区、公共建筑管网自行改造，其中第一批涉及璞玥湾、星海湾等 11 个排水单元，第二批涉及天虹商场、人民医院北院等 18 个排水单元，管道沟槽开挖现场图片（沟槽回填）如图 9-9 所示、管道紫外光固化整体修复如图 9-10 所示。

图 9-9　管道沟槽开挖现场图片（沟槽回填）

图9-10 管道紫外光固化整体修复

1. 管网：市政主次干道管网改造

优先对市政道路管网98处混错接点进行改造。优先对污水管网3、4级缺陷进行改造。市政道路管网改造29条，改造总长度41178m，已全部完工，完成比例100%。

2. 源：源头小区、公共建筑管网改造

对纳入本项目范围内的48个源头小区、公共建筑进行管网改造，改造长度共计81203m，累计已完成80066m，完成比例98.6%。

3. 井：检查井修复

需修复检查井共1852座，目前已完成1801座，完成比例97.2%。优先对缺陷严重的检查井进行修复。引进聚脲喷涂、导流管安装等新工艺，显著提升了检查井的修复效果。

4. 泵站：污水泵站改造

对信江新区1号、2号、3号、4号泵站进行提标改造。（1）根据实际规模更换水泵，提高泵站与污水产量的适配度；（2）采用变频控制系统，实现"源源不断"输送污水的功能；（3）搭建智慧管控平台，实现泵站的远程控制。

9.5 建设效果及创新点

本项目设计市政管网修复工程总量约42015m，截至目前累计完成管网修复37860m，完成比例90.1%；设计小区公建管网修复总量约95150m，截至目前累计完成35623m，完成比例37.4%。整个信江新区污水处理厂进水浓度正在逐步提高。至2023年9月中旬，污水处理厂进水COD平均浓度190.23mg/L，最高达310mg/L，较2022年同期进水COD平均浓度86.87mg/L整体提高219%。BOD_5

平均浓度从 36.7mg/L 提高至 75.5mg/L，达到阶段性治理目标，污水处理厂进水 BOD_5 浓度如图 9-11 所示。

图 9-11　污水处理厂进水 BOD_5 浓度

污水系统包括源（排水单元）—网—站—厂 4 个重要环节，确保系统的闭环运行。在项目实施过程中，从系统角度梳理片区问题，从点出发解决问题。主要采用的新工艺及相关创新点如下：

1. 高分子改性聚脲喷涂法修复渗漏检查井

本项目的改造过程中，发现需对"网"进行"点—线"的拆分，除上述管道的缺陷修复之外，检查井在"挤外水"环节也扮演着重要角色。

检查井的常规处理方式多采用检查井更换或喷涂的方式，喷涂材料多以水泥砂浆为主，但在以往的工程经验中发现，水泥砂浆的喷涂存在防渗效果不足及质保期短的问题。因此，本项目的检查井的喷涂创新引入高分子改性聚脲喷涂法，该材料主要针对排水检查井渗漏问题，改善了常规聚脲憎水的特性，喷涂到构筑物内表面可快速凝固，具有防水、防腐蚀，结构增强等特性，检查井修复现场图片如图 9-12 所示。

2. 异位微顶管解决管道缺陷

本项目污水管网的修复主要以开挖修复和非开挖修复为主，但交通流量大路段或市政道路交叉口段，若采用开挖铺设的方式展开施工会严重阻碍城市交通。因此，在本工程设计中引入微型顶管工艺，减少道路开挖，提高施工精确度。

微型顶管工艺井体一般采用圆形，正常情况工作井内径 2m，特殊情况下内径不小于 1m，坑式设备井内径不宜小于 2.8m，地面设备井内径不少于 1.8m。

(a) (b)

图 9-12 检查井修复现场图片

(a)(b) 修复现场图片

井体施工方法可以根据地质情况选择开挖法、逆作法、沉井法（井壁可采用成品钢筋混凝土管）或泥浆置换法。管道微顶管施工现场图片如图9-13所示。

(a) (b)

图 9-13 管道微顶管施工现场图片

(a)(b) 施工现场图片

9.6 结论

污水管网系统提质增效是一个复杂的解决系统问题的过程，对于项目参与的各方都提出较高的要求。本项目实施过程中的主要经验如下：

（1）系统思维解决系统问题：污水提质增效需以目标为导向，对片区存在的问题进行系统梳理，找准问题核心。按照"收污水、挤外水"的总体设计原则，划分不同的排水分区，细化各排水分区对排水系统的贡献率，抓主要矛盾与矛盾的主要方面，分片区制订整改方案，从而形成提质增效整体方案。

（2）问题细化对标整体目标：依据各片区整改方案，重点针对"收污水"与"挤外水"两大类工作，形成问题销项清单，建立逐日逐项整改及验收机制，实现措施细化与统筹治理。

业主单位： 中国铁工投资建设集团有限公司、鹰潭铁工环境建设投资有限公司
设计单位： 北京市市政工程设计研究总院有限公司、同济大学
建设单位： 中铁市政环境建设有限公司、鹰潭公路工程有限公司
案例编制人员： 周杨军、王伟、吴世强、赵玉、宋浩然、艾健、汪胜、胡颖

10 南昌市小蓝经济技术开发区排水管网综合整治工程

10.1 项目概况

10.1.1 项目背景

南昌市小蓝经济技术开发区(以下简称"小蓝经开区")成立于 2002 年 3 月,于 2006 年 3 月列为江西省级开发区,2012 年 8 月正式列为国家级开发区,属于南昌市三大国家级开发区之一。小蓝经开区地处大南昌都市圈核心圈层和京九、沪昆高铁经济带十字交会处,目前已建成约 33km^2。

由于小蓝经开区管网建设年代久远,缺乏有效的养护管理,现有排水管道存在不同程度的破损、渗漏、淤积、堵塞及雨污混流等问题,严重影响小蓝经开区排水系统运行效能和城市水环境质量提升。因此,为进一步推进长江经济带建设,提高排水系统运行效能,改善生态环境质量,小蓝经开区组织开展了雨污水管网排查、修复改造等系列工程措施。

10.1.2 排水系统概况

1. 污水处理厂

小蓝经开区污水处理厂服务面积约 33km^2,居民生活污水和涉水企业排放污水全部进入污水处理厂统一处理。污水处理总设计规模 7.5 万 m^3/d，分两期完成建设，其中一期于 2008 年建设，设计规模 2.5 万 m^3/d；二期于 2013 年建设，设计规模 5 万 m^3/d。项目实施改造前（2020 年 1—4 月，不含 2 月异常数据）进厂 COD 平均浓度为 161.6mg/L，远达不到处理厂污水进水 COD 400mg/L 设计值，与 250mg/L 的提质增效目标要求差距也较大。

2. 排水管网概况

小蓝经开区排水体制为分流制，管网基本完善，市政排水管网总长约 381km，其中雨水管约 226.8km，污水管约 154.2km，污水主要通过三路污水主干管接入小蓝经开区污水处理厂。小蓝经开区污水系统图如图 10-1 所示。

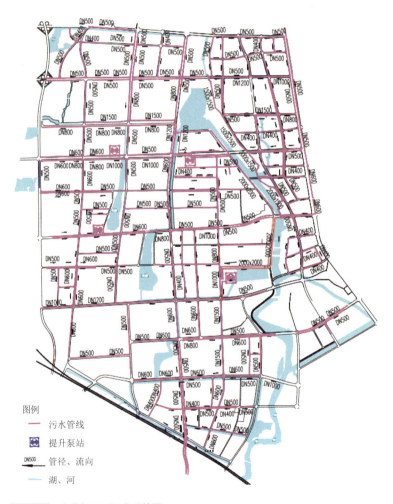

图 10-1　小蓝经开区污水系统图

3. 管道系统存在的问题

(1) 底数不清

因工程建设遗留问题,排水管网未进行统一规划、施工,且建设、管理主体不一致,导致管网基础资料及竣工资料散失严重,已有的管网埋深、走向、管径、坐标等数据准确性也较低,造成"底数不清"。

(2) 缺陷突出,外水入侵

部分埋设在地下的排水管道因年久失修或施工质量不佳导致的破裂、塌陷、错口等结构性缺陷突出,不仅影响管网排水能力,还导致地下水入渗进入污水管道中,造成"清污不分",清水占据了污水管道容量,影响污水管道的输送能力,稀释了污水处理厂的污染物浓度,同时,还会加剧污水管道沟槽回填材料的流失,造成道路塌陷,存在较大安全隐患。

(3) 淤积排水不畅

多处排水管道内淤泥淤积严重,存在大量建筑垃圾(如混凝土块、砖头和水泥砂浆),积泥深度可达管径的60%,甚至部分管道出现满管淤积、检查井堵塞的现象。造成排水管道的过流能力减弱、排水不畅,引发城市内涝、污水溢流等问题。管道淤积物中的有机物在微生物的作用下会产生毒害气体和酸性物质,酸性物质会腐蚀管道引发管道结构性缺陷。

(4) 错接混接普遍

多处管网存在着不同程度的雨污混接,一方面造成污水通过雨水管道直接排入水体,污染环境,另一方面雨天影响污水管道输送能力,造成污水冒溢。由雨污混接引发的污水溢流已成为小蓝经开区水环境污染的重要污染源之一,也是导致污水无法全收集全处理的重要原因。

10.1.3　项目建设目标

通过开展管网排查、修复工作,将应收未收的污水收集进入污水系统,挤出污水系统的地下水、雨水等外水,减少外水入侵,消除结构安全隐患,提升排水管网安全性能和污水处理厂进水 COD 浓度,改善明渠、河道水质。

10.1.4　项目建设内容

(1) 管网清淤:通过清淤疏通恢复管道过水能力,也为管网检测提供作业条件。

(2) 管网排查:通过 CCTV 检测、RTK 测绘等排查技术,摸清管网设施底数，查明管道内部健康状况和雨污混接情况，为修复改造提供数据支撑。

（3）开发排水管网 GIS 系统：根据排查测绘成果形成排水管网基础数据库，建立排水管网 GIS 系统，实现排水管网的信息化、账册化管理。

（4）修复改造：针对排查发现的各类管网问题，逐一制订解决方案，恢复或提升管网性能，实现管网安全稳定运行。

10.2 技术方案

10.2.1 技术比选

1. 管网检测

（1）检测方法选择

本项目综合考虑现场检测工况和检测设备的特点进行检测方法的选择，可对不同工况下的管道进行综合检测、评估及成果报告输出，准确诊断管网病害。

1）管径大于或等于 300mm 的采用 CCTV 检测，管径 300mm 以下的采用管道潜望镜检测。

2）对于无法降水的工况，水位 20% 以下采用 CCTV 检测，水位 20%～70% 采用 CCTV 检测结合声呐检测（全地形机器人），满水位采用动力声呐检测，部分情况可采用全地形机器人检测。

（2）主要检测设备

本项目采用的主要检测设备是 X5-HT4 管道 CCTV 检测机器人、X1-P1 管道潜望镜（QV）、X5-HR4 全地形管道机器人、X7-DS 动力声呐系统 4 种检测设备，采用的检测设备如图 10-2 所示。设备可对不同工况下的管道进行综合检测、评估及成果报告输出，准确诊断管网病害。

2. 管网修复

（1）修复工艺

根据管道缺陷程度，修复方式分为两大类，即开挖换管修复与非开挖换管修复，常用的非开挖修复方法主要包括点状原位固化法、不锈钢快速锁法、CIPP 紫外光固化法、胀管法、水泥砂浆喷筑法等。

（2）修复方式应用原则

管道修复应以"技术先进、安全可靠、经济合理、确保质量、保护环境"为原则，依据管道重要性、病害类别、损坏程度、影响范围以及翻修改造的目标等因素选择合适的管道修复施工工艺。考虑近年来小蓝经济开发区开发建设力度

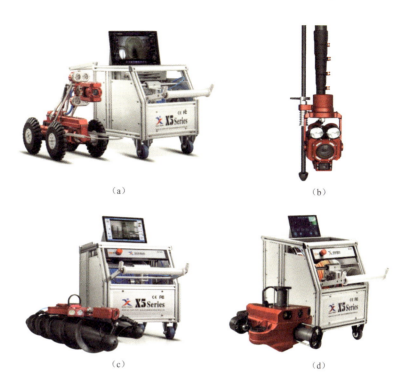

图 10-2 采用的检测设备

(a) X5—HT4 管道 CCTV 检测机器人；(b) X1—P1 管道潜望镜（QV）；
(c) X5—HR4 全地形机器人；(d) X7—DS 动力声呐系统

大，各种管线铺设对市政交通、居民生活影响较大，经综合比较确定修复方式。敷设于交通繁忙、新建道路、环境敏感的城中村、工业区、小区等地区的排水管道修复更新优先选用非开挖修复更新技术，非开挖修复更新技术无法解决的管道缺陷时，采用开挖修复或新建管网。

管道存在雨污错混接情况时，应封堵错接的管道，并将该管改接入正确排水系统，所封堵的管道填实处理；管道存在暗接、暗井情况时，可在原管道增设检查井或于暗井位置新建检查井。

根据各缺陷类型、等级等因素，包括破裂、变形、腐蚀、错口、起伏、脱节、接口材料脱落、支管暗接、异物穿入、渗漏等情况，综合考虑合适的修复方法，包括点状原位固化法、不锈钢快速锁法、CIPP 紫外光固化法、胀管法、水泥砂浆喷筑法及开挖修复等。

（3）本项目采用的非开挖修复设备

本项目采用的非开挖修复设备主要是 X120－D2 点位修复设备、X120 紫外光固化修复设备、X120-SP 砂浆喷涂修复设备等，项目采用的非开挖修复设备如图 10-3 所示。

图 10-3 项目采用的非开挖修复设备

(a) X120—D2 点位修复设备；(b) X120 紫外光固化修复设备；(c) X120—SP 砂浆喷涂修复设备

10.2.2 主要技术内容

（1）排水管网检测诊断技术，综合运用管道潜望镜（QV）、CCTV 机器人、动力声呐等智能检测设备，对不同工况下的管道进行综合检测、评估，准确诊断管网病害。

（2）排水管网 GIS 系统建设，以地理信息系统为基础平台，基于物探测绘采集的基础数据，采用开放的体系架构，建立排水管网 GIS 系统，对管网测绘数据、检测视频、混接清单、缺陷清单等多种类型数据进行信息化、账册化管理。

（3）排水管网缺陷修复技术，结合开挖修复和 5 种非开挖修复技术对管网缺陷进行修复，提升管网性能，延长管道的使用寿命。

10.2.3 实施方案

1. 制订计划确保工作任务落实

根据小蓝经开区管网的体量，将 322km 老旧雨污水管网划分成 5 个片区，分片区实施排查检测、修复改造工作。明确各工作目标，制订工作计划，做到每个环节不脱节，同时确定"即查即改"的工作机制，现场排查检测发现 3、4 级重大缺陷问题的，上报建设单位、设计单位、监理单位，确定修复方案后立即进行整改，其余等级缺陷可列入整改计划分年度实施。

2. 开展清淤检测确定管网问题点

管网完成清淤疏通后进行 CCTV 检测，无法降水的管段结合实际情况运用全地形机器人或动力声呐进行检测，通过管网检测精准定位管网结构性与功能性缺陷、雨污错混接等问题点，为下一步修复改造方案设计提供数据支撑。

3. 建设管网 GIS 系统有效管理排查成果

开展检测工作的同时，同步开发排水管网信息系统，将管网测绘数据、检测视频、混接清单、缺陷清单等多种类型数据成果录入系统进行信息化管理。

4. 工艺比选确定最佳修复方案

组织专家对管网修复方案进行咨询论证，结合管道损坏情况、现场施工环境、交通影响、经济性等因素综合考虑。经综合比较，考虑采用非开挖修复更新技术或开挖修复、新建管网等修复模式。

10.2.4 预期效果

通过对小蓝经开区的雨污水管网系统开展排查检测，全面掌握管网现状问题，同时基于排查检测成果建立排水管网 GIS 系统，实现排水管网信息化、账册化管理。通过开展管网修复改造工作，将应收未收的污水收集进入污水系统，挤出污水系统的地下水、雨水等外水，减少外水入侵，消除结构安全隐患，实现污水处理厂进水 COD 浓度、排水管网安全性能大幅提升，改善明渠水质。

10.3 实施情况

10.3.1 管道检测与评估

1. 检测情况

小蓝经开区内共有雨污水管网 381km，其中 59km 为近两年新建，因此本项目对322km的老旧管网进行了检测,其中雨水管长173km,污水管长149km。

2. 管道状况评估

(1) 缺陷评估

本次检测发现各类缺陷共计14014处,其中1级缺陷6515处、2级缺陷5785处、3级缺陷1150处、4级缺陷564处,管道缺陷点统计结果如表10-1所示。根据管道类型划分,雨水管道缺陷密度为43.31处/km,污水管道缺陷密度为43.76处/km,两者缺陷密度一致。雨污水管道的结构性缺陷具有一致性,以错口、腐蚀、破裂为主,均超过1000处,典型结构性缺陷如图10-4所示。检查井12862座,在项目实施过程发现各类检查问题606处,各类问题具体为:井盖错盖121座、井内横穿管5座、井盖埋没323座、井盖损坏/缺失8座、井室渗漏/涌砂149处。

管道缺陷点统计结果　　　　表10-1

缺陷种类	缺陷名称	1级(处)	2级(处)	3级(处)	4级(处)	小计(处)
结构性缺陷	支管暗接	112	51	23	—	186
	变形	81	146	36	13	276
	错口	1280	1189	282	125	2876
	异物穿入	141	36	48	—	225
	腐蚀	1055	1453	221	—	2729
	破裂	1061	1296	240	215	2812
	起伏	118	163	21	13	315
	渗漏	223	302	78	57	660
	脱节	184	248	46	46	534
	接口材料脱落	1155	527	—	—	1682
功能性缺陷	沉积	291	48	0	0	339
	残墙、坝根	0	8	8	3	19
	浮渣	21	10	2	—	33
	结垢	39	55	22	6	122
	树根	696	181	61	51	989
	障碍物	58	72	52	35	217
合计		6515	5785	1150	564	14014

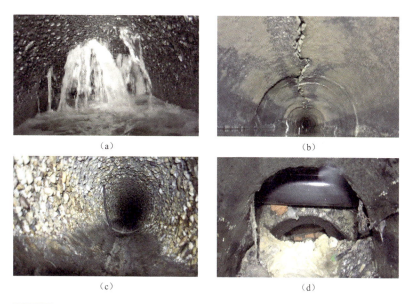

图 10-4　典型结构性缺陷

(a) 渗漏；(b) 破裂；(c) 腐蚀；(d) 异物穿入

(2) 雨污混接评估

雨污混接晴天时会导致污水通过雨水管道直接排入水体，雨天时导致雨水混入污水管道造成污水系统水量超负荷、进厂浓度降低。混接点调查是排查的重点工作，本次共排查出混接点 526 处，其中雨水箅子接入污水井 277 处，雨污水井串联互通 14 处，各类污水接入雨水系统 235 处。混接污水主要来源于开发区的各类企业，混接点数量达 145 处，居住小区、沿街店铺污水混接点数量分别为 39 处和 29 处。此外，公厕、垃圾站、农贸市场等小散乱污场所也存在不同程度的混接污水排放，混接污水来源如图 10-5 所示。

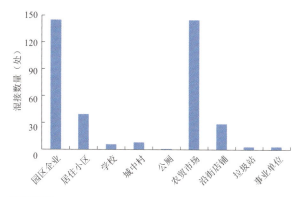

图 10-5　混接污水来源

3. 管道病害分析

在所有管道缺陷中,结构性缺陷为 12295 处,占比 87.73%,功能性缺陷为 1719 处,占比 12.27%,结构性缺陷数量远大于功能性缺陷。这是由于管网多年未进行养护,管道内淤泥淤积严重,检测前需进行清淤疏通,故检测判读中沉积、浮渣等功能性缺陷偏低。在管道结构性缺陷中,错口、破裂、腐蚀、接口材料脱落为最主要的病害,其主要原因为:

(1) 开发区内多为砂性土壤,地质条件较差,且早期施工对地基处理不当,管道不均匀沉降易导致起伏、错口、脱节、破裂等缺陷的出现;

(2) 在微生物作用下,在一定条件下污水中的有机物和硫酸盐转化成硫化氢和硫酸,进而对污水管道材料产生极强的腐蚀作用。由于开发区污水混接排入雨水管道现象较多,故而雨水管也存在大量的腐蚀缺陷;

(3) 施工质量较差,在施工过程中接口处理不规范,易导致脱节、错口及接口材料脱落等问题;

(4) 人为施工破坏,电缆、自来水、燃气等其他管线施工时,直接穿过管道内部,造成异物穿入从而导致管道破裂。

此外,结构性缺陷中渗漏多达 660 处,且管道存在大量错口、破裂、脱节等缺陷,加之开发区处于南方,地下水位高,大量地下水进入管道,稀释污水处理厂进水 COD 浓度。

检查井埋没为最主要的问题,道路改造、绿化等原因导致很多之前预留的检查井直接被填埋、封死,成为"暗井"。此外,许多检查井井底在施工过程中基本未做混凝土垫层,且检查井多为砖砌井,井壁抹灰粗糙,勾缝不密实,受地下水影响,容易出现涌砂、渗漏现象。

10.3.2 排水管网 GIS 系统建设

以地理信息系统为基础平台,基于物探测绘采集的基础数据,采用开放的体系架构,建立了开发区排水管网 GIS 系统,小蓝经开区排水管网信息系统如图 10-6、排水管网 GIS 系统如图 10-7 所示。开发出统计查询、管线分析、检测监测、缺陷管理等多个功能子模块,可对管网测绘数据、检测视频、混接清单、缺陷清单等多种类型数据进行信息化管理,有效解决了工程资料停留在纸面报告、共享不便等问题。GIS 系统方便用户快速直观浏览,已录入约 381km 管网普查数据,其中污水管网 154.2km,雨水管网 226.8km;雨水检查井 8848 座,雨水口 8255 座,污水检查井 4014 座。

图 10-6 小蓝经开区排水管网信息系统

图 10-7 排水管网 GIS 系统
(a) 缺陷数据管理；(b) CCTV 检测数据管理；(c) 管线流向分析；(d) 雨污混接数据管理

此外，在项目实施过程中对修复改造业务审批流程进行深入分析，开发了工程管理模块，由传统的人工管理转变为工程业务的流程化、自动化、智能化处理，有效提高业务审批效率和水平。充分发挥信息系统的智能化、流程化、可视化效能，支撑从检测评估到修复审批各个施工环节的科学高效运转，保障整个系统排查与修复改造工程的进度和质量。

10.3.3 修复施工准备

1. 现场勘查

施工前应进行现场勘查，对施工现场周围环境情况及沿线地下管线分布情况进行核实确认。同时，了解地质状况，根据所遇到的实际地质状况确定适用的设备、工具和仪器。

2. 施工组织设计编制

根据待施工内容，施工前编制施工组织设计，做好施工计划准备，施工组织设计审批后执行。

3. 安全准备

施工前应制订相应的安全技术措施，明确作业负责人和安全负责人。

（1）编制应急预案，配备足够的防毒面罩、医用急救箱、空气呼吸器、担架等必备的安全救援物资。成立应急救援小组，落实应急救援人员，救援小组人员应熟悉应急处置流程，一旦发生有限空间作业事故立即按照预案处理。

（2）对作业进行危险因素辨识，提出施工可能出现的危险因素，并对其进行评价，对该危险因素提出相应的控制措施。

（3）施工前做好安全教育培训及安全技术交底。

10.3.4 管道预处理

1. 技术要求

修复工程施工前，应根据管道状况、修复工艺要求对原有管道进行预处理，管道修复预处理技术要求如表 10-2 所示：

管道修复预处理技术要求   表 10-2

非开挖修复方法	技术要求
点状原位固化法	管道内应无明显沉积、结垢和障碍物且待修复部位前后 5cm 内的管道表面应无明显附着物、尖锐毛刺及凸起物
不锈钢快速锁法	管道内应无明显沉积、结垢和障碍物且待修复部位前后 5cm 内的管道表面应无明显附着物、尖锐毛刺及凸起物
CIPP 紫外光固化法	管道表面应无明显附着物、尖锐毛刺及凸起物
水泥砂浆喷筑法	管道内应无漏水，管道表面应润湿
胀管法	待修复管道应无堵塞，宜排除积水

2. 地基与漏水点处理

对于管道地基存在问题的情况，可通过地面或管内注浆的方法加固管道周围的地基。对于管道漏水严重的情况，可先对漏水位置进行点位修复或注浆，以达到止水的目的。

10.3.5 施工过程

本项目累计修复各类缺陷问题 2183 处，其中开挖修复 65 处，固结物、树根等管道功能性缺陷修复 552 处；管道结构性缺陷非开挖修复 1086 处，检查井修复 480 处，其中暗井开挖提升 323 处、更换井盖 8 处、检查井渗漏/涌砂修复（注浆+喷涂）149 处。本项目共使用了点状原位固化法、不锈钢快速锁法、CIPP 紫外光固化、胀管法、水泥砂浆喷筑法等 5 种非开挖修复工艺，其中点状原位固化法 604 环、不锈钢快速锁法 32 环、CIPP 紫外光固化法 4235.85m、胀管法 2445.98m、水泥砂浆喷筑法修复 56 座检查井。

1. 点状原位固化法施工

点状原位固化法施工流程图如图 10-8 所示，在做好封堵降水和预处理工作后，将浸渍常温固化树脂的纤维材料绑扎在可膨胀的修复气囊上，使用硬杆或牵引线将之推到修复地点，到达指定位置后方对修复气囊充气，使纤维材料紧紧挤压在管道内壁，经固化形成新的管道内衬，完成缺陷修复，点状原位固化法修复前后效果对比如图 10-9 所示。

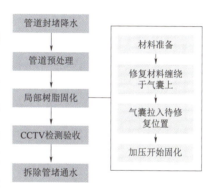

图 10-8 点状原位固化法施工流程图

图 10-9 点状原位固化法修复前后效果对比

2. 不锈钢快速锁法施工

不锈钢快速锁法施工流程如图 10-10 所示，不锈钢快速锁法适用于大管径缺陷修复，在封堵降水等准备工作做好后，需人工进入管道内部安装。

（1）首先将不锈钢片（两片或三片）从检查井放入管道内部，送到待修复位置，将不锈钢片拼装成较原有管道直径小的不锈钢圈，然后将橡胶圈密封圈套在不锈钢圈上；

（2）将套好橡胶圈的不锈钢圈竖起对准缺陷位置，保证橡胶圈完全覆盖缺陷位置；

（3）对准缺陷位置后，采用专用扩张工具卡在上下两片不锈钢片上的卡槽上，通过调节扩充器中间的主螺栓使不锈钢圈扩张，然后采用不锈钢圈上的螺栓临时固定，重复上述步骤继续使不锈钢圈扩张直至橡胶密封圈紧紧压在管道内壁上，然后再将不锈钢片上的螺栓拧紧固定，形成管道内衬使其紧贴现有管道以实现对现有管道缺陷进行修复，确保修复完成后不会出现渗水现象，不锈钢快速锁法修复前后效果对比如图10-11所示。

图10-10　不锈钢快速锁法施工流程

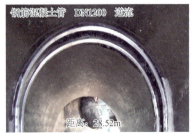

图10-11　不锈钢快速锁法修复前后效果对比

3. CIPP 紫外光固化法施工

CIPP 紫外光固化法现场施工包括管道预处理、底膜拉入、软管材料拉入、扎头捆绑、拉入灯架、紫外光固化、管口切割、内膜拉出、封口处理等流程。修复完成后内衬管将与原有管道紧密贴合，提高管道强度，CIPP 紫外光固化法修复前后效果对比如图 10-12 所示。

图 10-12 CIPP 紫外光固化法修复前后效果对比

4. 胀管法施工

在完成管道封堵降水等预处理工作后，首先在检查井内安装顶管机平台，再组装拉管机组，用顶管机把每根长 50cm 的顶杆向下游井室推进，穿出下游井室；顶杆推送至下游井室后，安装破碎器，将旧管碎片挤压到周围土壤内并形成通道，将 PE 管连接破碎器回拉至检查井，并超出检查井内壁 1～3cm。依次拆除碎管头、连接杆，及后背支撑设施。修复完成后将形成一条全新的管道，胀管法修复前后效果对比如图 10-13 所示。

 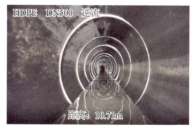

图 10-13 胀管法修复前后效果对比

5. 水泥砂浆喷筑法施工

将离心旋喷器居中置于井内，启动旋喷器待运行平稳后开启砂浆输送泵，使浆料从旋喷器均匀甩出后。操纵吊臂卷扬使旋喷器平稳下行至井底后切换方向提升旋喷器上升至井口完成一个喷筑回次，如此循环往复直至设计厚度。修复完成后水泥砂浆将与检查井内壁粘结为整体,大大提高检查井抗渗性能,水泥砂浆喷筑法修复前后效果对比如图 10-14 所示。

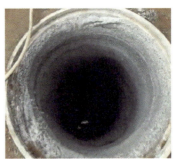

图 10-14　水泥砂浆喷筑法修复前后效果对比

10.3.6　主要技术难点及解决办法

1. 高水位或满水状态下的管道检测

现阶段的市政排水管道,在高水位或满水状态又难以降低水位时,一般采用无动力声呐检测设备进行检测。这种传统的声呐设备无动力,需要利用预置牵引绳在顺流情况下,匀速拖拽声呐漂浮筏实现移动检测,受管内环境影响,操作要求极高,无法定点检测,检测效率低下。主要应对措施如下:

为了解决在无法降水的情况下高水位状态管道检测问题,采用 X7-DS 双轴动力声呐系统进行管道检测,X7-DS 双轴动力声呐系统由动力推进器、线缆盘和主控器三部分组成,适用于 DN500 以上高水位及满水管道、箱涵、河道等检测。设备独有水下潜行动力系统,最大静水行进速度可达 1m/s。水下动力强劲,抗水流扰动,可定深循迹。垂直声呐导航进入管道,双声呐全面快速检测管道沉积、错口、接口脱落等缺陷。

2. 原有管道特殊问题的预处理

对于原有管道预处理的特殊问题,需要采取相应的措施进行处理,所谓特殊问题是指不能通过常规预处理技术解决的问题。在管道非开挖修复的过程中,由于排水管道存在变形、沉陷、渗漏等结构性缺陷,容易引起管道填埋层产生"流沙"现象,甚至进一步塌陷的问题,或存在大量异物,如水泥注浆块、树根等不满足修复工法的环境要求。为了能够在排水管道的管道非开挖修复过程中提供可靠的操作空间,对排水管道特殊问题的预处理既是重点也是难点。主要应对措施如下:

(1) 对于原有管道内部的树根及较硬凸起的情况,可采用专用工具切制或磨平，如管道直径大于 800mm，在保证安全的情况下可人工进入处理。

（2）对于管道周围存在空洞的情况，可通过地面或管内注浆的方法加固管道周围的地基。

（3）对于管道漏水严重的情况，可先对漏水位置进行点位修复或注浆，达到止水的目的。

3. 小管径坍塌变形管道的非开挖修复

小管径排水管道变形塌陷是管道检测中常见的结构性缺陷，也是对管道运行影响最严重的管道缺陷，如何对该类缺陷进行修复是行业中迫切需要解决的问题。现有非开挖修复工艺需依靠原有管道形状形成内衬，若待修复管道变形、塌陷严重，已经基本失去原有形状，则难以采用非开挖技术进行修复，通常只能采用传统开挖换管的方式修复。本项目主要应对措施如下：

根据缺陷情况，选择胀管法进行修复，组装拉管机组，用顶管机把每根长 50cm 的顶杆向下游井室推进，将顶杆穿出下游井室。顶杆推送至下游井室后，安装破碎器。原有管道破碎后，安装扩孔器，回拉扩孔，回拉过程中同时进行泥浆护壁，防止塌方。采用高密度聚乙烯 HDPE 实壁管道，按照管口设计标准专门加工成子母口结构的短管，以液压牵引的方式，逐节将 HDPE 短管撞合、连接，在旧管道中形成一条新的 HDPE 实壁管道。由于本工艺是对旧管道进行破碎、扩孔，新套入管与周围岩体之间存在一定的间隙，需在此间隙内注入一定的水泥浆，用来稳定新插入的 HDPE 管。

4. 大管径管道 CIPP 紫外光固化法内衬修复

紫外光固化作为目前国内常用的非开挖修复技术，在作业过程中存在着许多难点，尤其是针对大管径管道施工。城市管道标准的检查井口直径为 700mm，大管径的修复材料宽幅大于井口直径，此外管径越大材料越厚，重量越重，碰到井口狭小、井深较大的管道时，拉入材料的难度非常大。大管径修复施工对修复材料的各项性能要求极高；管径越大修复固化时间越长，对紫外光灯架与光固化控制系统的稳定性要求越高。主要应对措施如下：

（1）在材料宽幅过大与检查井口大小无法匹配的情况下，对材料进行等分三折叠，对检查井铺垫保护层，防止下料过程中井口周边杂物对材料造成刮损。在井内进行牵引头绑扎过程中起重设备辅助吊装与工人规范作业操作，可有效解决材料下井难题。

（2）选择智能程度高、性能可靠的修复设备，本项目采用的 X120-UV 光固化修复系统，在选择好管道管径、材料厚度等参数后，一键开关灯，系统会自动生成相应的光源亮度、固化速度,可有效保障修复工作稳定性。

10.4 建设效果及创新点

10.4.1 建设效果

1. 污水处理厂进水 COD 浓度大幅提升

污水处理厂进水 COD 浓度变化（2020—2022 年）见图 10-15，由图 10-15 可知，2020 年 2 月进水 COD 平均浓度最低为 66mg/L，主要由某路段污水管网破损引发明渠水进入污水处理厂所致，整改后其他月份数据恢复正常运行状态。本项目自 2020 年 5 月进场开展管网排查，2020 年 6—12 月同步实施缺陷修复、错混接改造、拉通支管等一系列即查即改工程措施。在工程实施阶段进水 COD 总体呈上升趋势，其间平均浓度分别达到 219.8mg/L，较即查即改工程实施前（2020 年 1—5 月平均浓度为 161.6mg/L，不含 2 月异常数据）提高了 36.01%。为进一步提升排水系统效能，2021 年、2022 年陆续实施了雨水箅子专项整改项目及部分 2 级缺陷专项修复项目，同时园区企业和居住小区也基本完成市政接驳处污水混接整改工作，因此进水 COD 浓度实现持续提升，2022 年 COD 平均进水浓度达到 278.42mg/L，持续稳定在 250mg/L 以上。

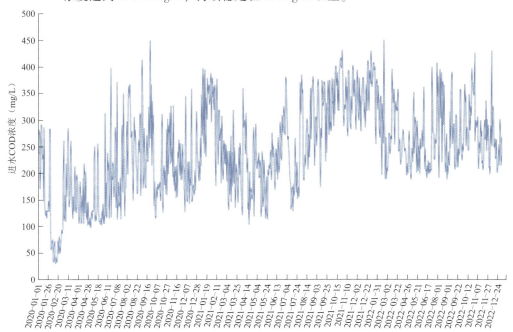

图 10-15　污水处理厂进水 COD 浓度变化（2020—2022 年）

以上数据分析表明，通过开展排水管网系统排查与修复改造工作，将应收未收的污水收集进入污水系统，挤出污水系统的地下水、雨水等外水，污水处理厂进水浓度实现了大幅提升，提质增效工作效果明显。

2. 明渠水质得到有效改善

根据数据分析显示，2022 年明渠监测点 COD 年平均值均在 40mg/L 以内，相比 2019 年监测数据，各监测点 COD 浓度下降均超过 20%，部分监测点浓度下降 60% 以上；2022 年氨氮年平均浓度均在 2mg/L 以内，大部分监测点可控制在 1.5mg/L 以内，相比 2019 年监测数据，各监测点氨氮浓度下降均超过 25%，部分监测点浓度下降 75% 以上；2022 年总磷年平均浓度均在 0.2mg/L 以内，相比 2020 年监测数据（2019 年未监测），大部分监测点浓度下降 40% 以上。

小蓝经开区明渠水质分析（2019—2022 年）如图 10-16 所示，从图 10-16 可知，在实施管网整治之前，各明渠监测点 COD 值、氨氮值、总磷值常超出 V 类水标准，到 2022 年管网改造项目基本完工后各水质指标均得到了有效改善，除个别监测点 COD 偶尔超过 40mg/L，其余时间 COD 均能稳定达到 V 类水标准，特别是氨氮值、总磷值等指标已长期稳定在 IV 类水标准。

3. 工程综合成本大大降低

管道修复工程的综合成本由直接成本、社会成本与环境成本构成。社会成本产生于修复工程对公共活动的影响和对公共设施的破坏，环境成本包括噪声、扬尘、雨水对施工场地土壤的侵蚀等环境危害。本项目所在地小蓝经开区为国家级经济开发区，考虑近年来小蓝经济开发区开发建设力度大，各种管线铺设对市政交通、居民生活环境造成较大影响，经综合比较，优先采用非开挖修复技术进行管道缺陷修复，在非开挖修复技术无法解决管道缺陷时才采用开挖修复。本项目通过非开挖技术的应用，有效降低了项目综合成本。

4. 有效减少施工过程碳排放

污水管道修复项目的碳排放主要来源于原材料的生产及运输、污水管道修复中、修复后产生的废弃物处理等环节，相比非开挖修复技术，传统的开挖修复技术一是增加了路面开挖和恢复、废弃物处理等环节，需要耗费大量的沥青、混凝土、砂石和管道材料等原材料，同时对产生的旧管道和废弃沥青等废弃物进行固废处治，增加了碳排放量；二是开挖修复需要的机械设备和人力比非开挖要多，尤其是大型机械设备如挖掘机等，机械设备的大量使用增加了碳排放量。

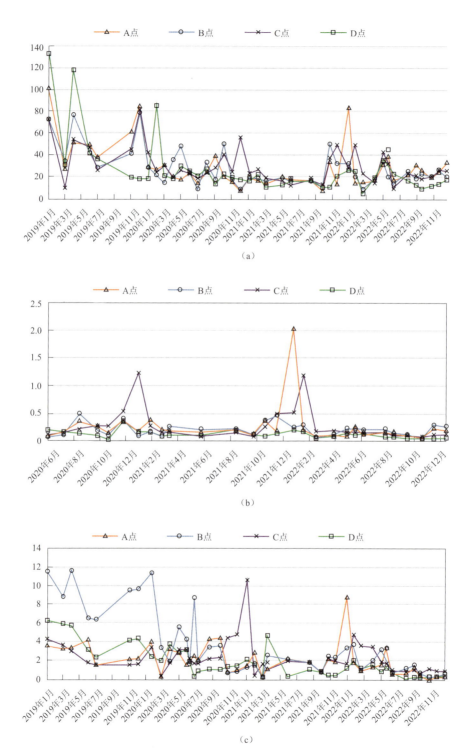

图 10-16 小蓝经开区明渠水质分析（2019—2022 年）

(a) 明渠监测点 COD 值（mg/L）；(b) 明渠监测点总磷值（mg/L）；(c) 明渠监测点氨氮值（mg/L）

通过对本项目非开挖修复工程（点状原位固化法604环、不锈钢快速锁法32环、CIPP紫外光固化法4235.85m、胀管法2445.98m）消耗的能源进行估算，需消耗汽油约7050kg、柴油约59582kg；若采用开挖修复的方式，非开挖修复转换成开挖工程量（约9225.8m）下对应的能源消耗汽油约750kg、柴油约74390kg。将采用非开挖修复方式替代开挖修复节约的能源转换成碳排放量，初步估算可减少碳排放量约27400kg。因此，本项目大规模使用非开挖修复技术可有效地实现碳减排，节约能源，有利于环境保护和可持续发展。

5. 管道修复后性能大幅提升

小蓝经开区范围内排水管道材质以钢筋混凝土为主（超过80%），另有部分管道材质为HDPE管，两种材质的排水管道均存在大量缺陷问题，通过紫外光固化等非开挖技术对缺陷进行修复，大大提升了管道的性能，包括管道强度、管道密封性、耐腐蚀性及水力性能，将有效减少由于管道缺陷问题导致的安全风险和经济损失。

10.4.2　主要创新点

1. 突破工况限制，实现管道病害精准检测

项目综合运用各类先进检测设备，可对不同工况下的管道进行综合检测、评估及成果报告输出，准确诊断管网病害。

2. 创新技术，修复管道不再"开膛"

项目采用了原位固化法、不锈钢快速锁法、胀管法、CIPP紫外光固化法、水泥砂浆喷筑法5种国内领先的非开挖修复工艺。相对于开挖施工，管道非开挖修复技术对环境破坏小、施工工期短、综合成本低，综合优势显著。

3. 信息化助力排水管网治理

本项目体量大、数据资料多、管理难度大，为解决成果资料纸质化管理共享不便和项目线下审批效率低下影响进度等问题，开发出符合本项目实际的排水管网GIS系统。项目实施充分发挥信息化管理系统的智能化、流程化、可视化效能，保证从检测评估到修复审批各个施工环节的科学高效运转，保障整个系统排查与修复改造工程的进度和质量。

10.5　结论

排水系统提质增效应遵循"科学诊断、精准施策"的理念，全面准确地查

明排水管网现状，系统分析现状管网系统存在的问题，在全面掌握现状问题的基础上提出科学合理的管网改造措施，是保证提质增效达到预期目标的重中之重。提质增效是一项长期工程，不是一朝一夕的阶段性工作，需要逐步建立健全长效维管机制，巩固提升整治成效。

（1）做实、做细管网排查，使治理方案更精准。做好管网排查这是管网系统治理的前提，必须要根据排查结果确定改造方案，没有真实有效的排查数据，方案是难以落地的。查清、查准问题是为了"对症下药"，一定有重点、有针对性地开展排水管网问题的排查；以发现关键问题、影响大的问题为突破口，先重点，后全面，需要对整个排水系统存在的问题进行系统分析。本项目在做排查时，合理选择各项检测方法，综合运用各类检测手段，扎实做好精细化排查，充分识别问题重点，精准诊断管网病害。

（2）强化工程质量的管控，使整治效果更有保障。排水管网治理就是针对现有排水管道系统质量不高、管理不善引发的一系列问题，采取有效措施进行治理。强化工程质量管控，可以保障整治效果。要坚持高标准建设理念，从管网排查过程的数据成果输出，到修复改造过程的材料、设计、施工和验收，严格把控，提质增效每一个环节的质量关。本项目管网检测共发现12295处结构性缺陷，许多缺陷的形成很大程度上与早期施工质量有关，因此本项目在做修复改造时更加注重对施工质量的控制，一是统一技术要求，规范作业过程，二是落实质量检查制度，实行过程检查和最终检查两级检查制度。

（3）合理选择修复方法，使修复效果更明显。非开挖修复技术并不适用于所有缺陷的修复，目前针对错口过大、严重变形、坍塌等缺陷问题仍需采用开挖修复的方式。在非开挖修复方法的选择上，应根据管道缺陷实际问题、现场施工环境，同时结合各修复工艺的技术特点，选择最合理的修复方法，以有效提高工程质量、缩短工期、减少对环境及交通的影响。

（4）创新"即查即改"机制，使工程实施更高效。建立"即查即改"的工作机制，现场排查检测过程若发现3、4级重大缺陷问题，可立即上报建设单位、设计单位、监理单位进行修复审批，确定修复方案后立即进行整改，大大提高了管网修复的效率，也有效避免了修复时间间隔过长导致管网缺陷进一步恶化，同时也可有效节约二次清淤的费用。

（5）加强管网日常养护，使管网运行更稳定。随着提质增效工作的开展，各类缺陷问题得到了及时有效的修复处理，管网结构、功能状况大大改善，排水系统运行效能实现了显著提升。管网是否能稳定运行决定排水系统功能的发挥，加强管网日常维护对于进一步巩固提升提质增效工作成果具有重要意义,在常态化运营阶段应做好周期性检测、计划性清疏、日常性巡查等基础工作,确保城市排水系统高效运行。

> 业主单位: 南昌小蓝经济技术开发区管理委员会
> 设计单位: 深圳市水务规划设计院股份有限公司
> 建设单位(施工单位): 江西省华赣中仪环境技术有限公司
> 案例编制人员: 谭庸桢、陈煌、梁权高、康禄华、李成杨、熊伟

11 珠海白石涌流域综合治理项目

11.1 项目概况

11.1.1 项目背景

珠海前山河发源于中山市五桂山东南麓，流经中山、珠海两地，经石角咀水闸注入湾仔水道出海，主河道长 23km，流域总面积 328km²。随着前山河流域城市化快速发展，城市人口持续增长，农业、工业污染尚未得到有效治理，导致前山河（珠海段）水质仍不能持续稳定达标。其中，白石涌排洪渠作为最靠近石角咀水闸国家地表水考核断面的前山河二级排口，其出水水质直接影响国家地表水考核断面水质，对白石涌流域综合治理势在必行。

11.1.2 存在问题

1. 源头（排水户）问题

小区、企事业单位排水管网长期处于无管养或应急处置式管养状态，居民、物业及企事业单位缺少雨污分流意识，雨污管网错接混接现象严重。

（1）居民小区排水户

白石涌流域内共计 26 个小区排水户（小区周边商户纳入小区治理范围，独立于小区的外沿街商户列入 1 个排水户），多数小区内排水管道因长期缺乏管养，淤积、病害、错接混接等现象十分严重，建筑立管雨污合流现象尤其突出，部分老旧小区摸查统计表如表 11-1 所示、小区排水设施错接混接情况如图 11-1 所示。

部分老旧小区摸查统计表　　　　　　表 11-1

小区	区域面积（万 m²）	排水系统	管道淤积	管道缺陷状况	系统问题
银石雅苑	9.67	雨、污水	中等	较少结构性、功能性缺陷	管道错接、混接
兰埔花园	9.10	雨、污水	中等	较少结构性、功能性缺陷	管道错接、混接、立管合流
星华花园	2.24	雨、污水	较严重	较多结构性、功能性缺陷	管道错接、混接，地埋管合流

（a）　　　　　　（b）　　　　　　（c）　　　　　　（d）

图 11-1　小区排水设施错接混接情况

(a)（b）支管混接；(c)（d）阳台立管混接

（2）企事业单位排水户

白石涌流域内共计 54 个企事业单位排水户，多数企事业单位排水户的管道连接市政预留（雨、污）街坊井或者直接连接市政（雨、污）检查井，少部分企事业单位排水户的（雨、污）管道直接连接雨水箱涵，因长期缺乏管养，淤积、病害、错接混接等现象十分严重。

2. 市政排水管网问题

（1）排水管网病害

白石涌流域内包括港一路、港二路、白石路、粤海中路、兰埔路、港昌路等在内共计 12 条市政雨、污水管网，长度约 34km，经管道 CCTV（QV）检测发现，流域内市政排水管道普遍存在不同等级的结构性缺陷及功能性缺陷，市政排水设施病害情况如图 11-2 所示。

（2）污水管网高水位运行

白石涌流域内污水管网基本处于区域污水系统的末端，靠近污水处理厂，其

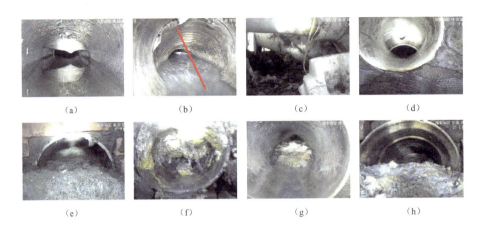

图 11-2　市政排水设施病害情况

（a）变形；（b）破裂；（c）异物穿入；（d）错口；（e）沉积；（f）结垢；（g）障碍物；（h）浮渣

中主要涉及港昌路、港二路 DN1000 污水管、前河东路 DN1200 污水管，污水管道管径较大且长期处于高水位运行状态，给市政管养带来了很大的困难，另外管道清淤和管道内窥检查难度大，管网健康度评估困难。白石涌流域周边污水主干系统图如图 11-3 所示。

图 11-3　白石涌流域周边污水主干系统图

（3）雨水管涵末端截污问题

白石涌排洪渠位于珠海市拱北主城区，是拱北片区内一个重要的水体接纳体,全长约 1.85km。2008 年,白石涌排洪渠综合整治工程正式实施,通过对白石涌排洪渠全线雨水口进行截污,并在排洪渠沿线增加 34 个截污口,以彻底解决白石涌排洪渠水体黑臭问题。但因排口末端截污问题,白石涌排洪渠污水溢流问题仍然存在,如南油花园排口、海关排口、供水公司拱北所排口等存在较大流量的截污管道,当污水管网水位正常运行时,大部分截污口处于正常截污状态,当污水管网水位偏高时,截污系统无法正常运行,污水溢流,造成白石涌水体黑臭。因此,通过源头治理消除末端截污是本次流域治理最重要的工作之一,白石涌流域雨水口末端截污情况表如表 11-2 所示。

白石涌流域雨水口末端截污情况表　　　　表 11-2

序号	位置		照片	排口编号（蓝牌）	排口使用情况（有效排口√；失效排口×）
	文字描述	地图定位截图			
1	供水公司南侧方形排口			BSC-P-01	√
2	供水公司转角南侧排口			BSC-P-02	×
3	供水公司北侧方形排口			BSC-P-03	√
……	……	……	……	……	……

续表

序号	位置		照片	排口编号（蓝牌）	排口使用情况（有效排口√；失效排口×）
	文字描述	地图定位截图			
63	水质中心南侧高处排口			BSC-P-08	√
64	水质中心中间段北侧（东）排口			BSC-P-09	×

3. 排洪渠（流域）问题

白石涌排洪渠部分流槽上方设置了盖板，流槽内有一定程度的淤积（主要为淤泥、砂和垃圾），并存在不同程度渠面破损、部分渠段渠底坡度与设计不符等问题，对排洪渠水力条件产生一定影响，白石涌排洪渠现状情况图如图11-4所示。

（a）

（b）

图11-4 白石涌排洪渠现状情况图

（a）(b) 现状照片

11.2 技术方案

11.2.1 流域水环境治理"管养提升"新模式

前山河水环境综合治理工作时间紧、任务重,为简化相关程序,缩短治理时间,提高治理效率,由政府采用管养单位自建、自管、自用、自养的"管养提升"创新机制,直接委托白石涌及其流域排水管网的管养单位珠海供排水管网有限公司实施该流域治理工作。

该模式可以充分利用管养单位资源,包含机械设备(导流设备、清疏设备等)、人员(巡查人员、养护人员等),将工程力量与养护力量相结合,从而实现流域长治久清。白石涌流域综合治理前市政管养单位对白石涌排洪渠做了大量巡查工作,包括统计排洪渠二级排口数量,监测不同用水时间段、不同天气状况、不同运行水位情况下白石涌排洪渠的水质情况,摸查截污口与排水管道的连接关系,找到污染源,2020年白石涌流域治理前南油排口摸排水质数据如表 11-3 所示。

2020 年白石涌流域治理前南油排口摸排水质数据　　　表 11-3

采样地点	采样时间	天气信息	氨氮(mg/L)	化学需氧量(mg/L)
南油排口	4月16日	晴	22.10	158
南油排口	6月1日	阴	11.10	107
南油排口	6月9日	阴	7.56	108
南油排口	6月15日	晴	4.42	28
南油排口	7月3日	阴	16.70	395
南油排口	8月24日	晴	1.30	25
南油排口	9月14日	晴	4.37	10

11.2.2 主要技术路线

以"纳污"为基本原则,以"雨污分流"和"管网病害治理"为基本措施,以降低污水系统运行水位和消除末端截污为最终目的,采用"管养提升"模式充分利用市政管养单位的巡查力量,对白石涌流域源头排水户的排水口(接驳井)进行摸排,完成源头排水户建档工作,同时对白石涌流域进行排水分区,划分排水地块进行网格化巡查和治理,通过"源头排水户-市政排水管网-排洪渠"三个层级的综合治理,彻底消除截污口,达到白石涌排洪渠出水水质长期稳定达标的目标,图 11-5 为白石涌排洪渠治理思路。

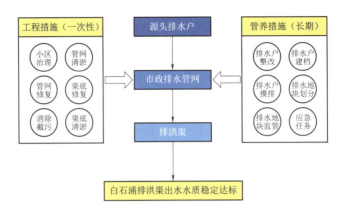

图 11-5　白石涌排洪渠治理思路

1. 源头（排水户）

根据小区（机关）排水户列入政府投资工程进行改造，企业排水户按排水许可要求自行整改的基本原则，在白石涌流域内推进排水管理"进小区、进企业、进机关"，实现雨污分流，控制污染源头，优化排水许可流程，加大违法排（污）水执法处罚力度，实现排水管（渠）管理规范化、标准化、精细化。珠海供排水管网有限公司作为全市市政排水设施管养单位和白石涌流域治理单位，充分利用自身资源，摸排白石涌流域内排水户接入市政管（渠）排水口情况，协助政府优化排水许可制度，完善源头排水户建档工作，对白石涌流域进行排水地块划分，进行网格化监管，图 11-6 为流域排水地块划分图。

图 11-6　流域排水地块划分图

2. 市政排水管网

白石涌流域基本处于城市中心位置，受交通影响较大，为减轻交通带来的压力，市政管网修复优先采用非开挖修复，其中紫外光原位固化法施工过程不需开挖，占地面积小，对周围环境及交通影响小，在不可开挖的地区或交通繁忙的街道修复排水管道具有明显优势，该工艺形成的内衬管强度高，壁厚小，与原有管道紧密贴合，加之内衬管表面光滑、没有接头、流动性好，极大地减小了原有管道的过流断面损失。对于非开挖技术无法实施的管网则采用开挖修复的方式进行。

3. 排洪渠（流域）

主要通过拆除流槽盖板、流槽渠底清淤、破损渠面修复、调坡等工作，改善排洪渠水力条件，减少自然水体停留时间，白石涌排水渠修复如图 11-7 所示。

图 11-7　白石涌排水渠修复

11.3　实施情况

11.3.1　实施基本情况

1. 源头（排水户）

完成白石涌流域 26 个小区排水户雨污分流整改，基本能够保证小区排水户接入市政管网的雨水口晴天没有污水水排出或排水水质（地下水、空调冷凝水、泳池水、地下车库排水等）达到地表Ⅳ类水的要求；54个企事业单位排水户多数完成了整改，办理了排水许可证，少数企业排水户受自身经营压力等方面影响未完成整改，该部分企业排水户由市政管养单位进行临时性源头截污，同时长期督办排水户进行整改，施工现场（埋管）如图11-8所示。

（a）

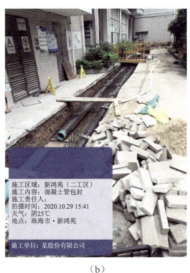
（b）

图11-8　施工现场（埋管）

(a) 石粉回填；(b) 混凝土管包封

2. 市政排水管网

完成白石涌流域市政排水管网清淤检测共计约24km，基本覆盖了白石涌流域所有的污水主管和重要支管；完成市政排水管网修复约4.0km，基本完成白石涌流域市政污水管网的修复工作，其中局部树脂法修复（点修）131环，紫外光原位固化法（整修）约1.5km，开挖修复约0.4km，施工前（管道病害）如图11-9所示、施工后（3环点修）如图11-10所示。

3. 排洪渠（流域）

白石涌排洪渠两侧截污口基本全部消除，完成排洪渠渠底混凝土拆除修复约1378m^3，完成排洪渠渠底流槽人工清淤约256m^3，清理流槽混凝土盖板约494m^2，白石涌排洪渠出水水质长期达标，满足地表Ⅳ类水要求，治理前后情况对比如图11-11～图11-14所示。

图 11-9 施工前（管道病害）

图 11-10 施工后（3 环点修）

图 11-11 治理前（南油排口）

图 11-12 治理后（南油排口）

图 11-13 治理前（南油排口）

图 11-14 治理后（南油排口）

11.3.2 技术难点及解决方法

1. 市政管网修复

（1）基本概况

以港昌路 DN1200 污水主管修复更新为例，在白石涌流域治理过程中，香洲区港昌路路面突发塌陷，经过初步排查和管道检测，基本判定为 DN1200 污水管道发生塌方导致路面塌陷。管道待修复段总长度约 56.5m，管材为双壁波纹管，埋深约 4.3m，管道位于机动车道下方，为减轻交通压力，采用非开挖修复方式处理。因污水干管流量过大，施工单位导流设备无法满足要求，市政管养单位协助导流，并备用一套导流设备，以应对突发状况。

（2）管道检测与评估

经检测，管道主要病害 1 处，均为破裂（PL）4 级，港昌路病害图片如图 11-15 所示。

图 11-15　港昌路病害图片

（3）管道预处理

管道预处理主要内容是对塌陷部位管道进行注浆止水和土体加固，然后切割原有塌陷管道，在切割位置套入钢圈，起到临时支撑作用，港昌路病害预处理修复如图 11-16 所示。

（4）管道修复效果

预处理完成后，采用紫外光原位固化的方式对管道进行整体修复，港昌路病害紫外线光固化修复如图 11-17 所示。

图 11-16　港昌路病害预处理修复

图 11-17　港昌路病害紫外线光固化修复

2. 源头排水户

(1) 立管改造后屋面积水问题

原雨水立管是屋面汇水面积的最低点，新建立管的位置选取应遵循"尽量靠近原雨水立管"的原则，即便如此，下雨之后原雨水立管（最低点）周边仍然会存留少量积水，无法完全排除，导致雨季期间老旧小区顶楼屋面发生渗水现象，而采用屋面局部修坡的方式效果不佳，采用屋面整体修复方式成本过高。经过反复讨论，本项目采取在原雨水立管靠近屋面位置开设小气孔的方式，排干局部积水，效果十分明显，立管改造如图 11-18 所示。

(2) 管道连接关系不清晰

老旧小区现状排水管线竣工图已经基本缺失或者几乎没有参考价值，所以摸排清楚小区现状排水管道的连接关系变得尤为重要，管道的连接关系是设计单位出具施工图的根本依据，但是老旧小区的排水管网相对复杂，摸排时受到管道水

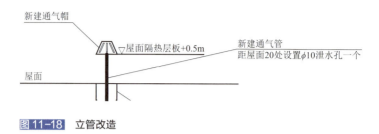

图 11-18 立管改造

位、淤泥、病害、占压等外界因素影响，很难一次性摸排清楚，只能够摸排清楚小区管网连接关系的 60%～80%，导致设计单位出图、施工整改无法一次完成，往往会出现根据施工图完成后实际没有达到雨污分流效果的情况，结果导致反复摸排、反复整改，消耗了大量的时间和精力，且无法计取相应的费用。综上所述，在进行小区治理项目中，应综合考虑小区管道清淤检测的相关费用，管线摸排结合清淤检测同时进行，预计能够提高管线摸排精度 10%～15%。

11.4 建设效果及创新点

11.4.1 建设效果

白石涌流域治理 2021 年基本完成，项目完成后，市政管养单位对白石涌排洪渠的出水水质进行为期一个月的取样检测，检验白石涌治理效果，共计取水样 21 份（周末除外），主要检测氨氮和化学需氧量 2 项重要指标，氨氮月平均值为 0.66mg/L，化学需氧量月平均值为 11.28mg/L，均能达到Ⅳ类水的标准。截至目前，近 2 年白石涌排洪渠水质长期稳定达标，治理前、治理中、治理后如图 11-19～图 11-21 所示。

11.4.2 创新点

1. "管养提升"模式创新

相较于常规工程模式，采用"管养提升"创新模式来实施白石涌流域治理有着先天优势；区别于工程建设一次性投入，利用管养单位的力量去治理企事业单位排水户，对白石涌流域进行排水分区、划分排水地块进行监管，配合工程进行应急处置具有事半功倍的效果。总之，工程建设是一次性的，管养是长期性的，白石涌流域治理能够产生长期稳定的水质达标效果，"管养提升"的模式尤为重要。

图 11-19 治理前（白石涌出水口）　　图 11-20 治理中（白石涌清淤）

图 11-21 治理后（白石涌现状）

2. PVC-UH 管材应用

本项目小区室外埋地 DN200～DN400 雨水管、污水管采用高性能硬聚氯乙烯（PVC-UH）管材，该管材的质量轻、耐腐蚀、水力性能好、机械强度高，在受运输条件和施工区域限制的小区施工优势非常明显，除此之外，采用一体式内衬胶圈设计确保管道系统性密封。高性能硬聚氯乙烯（PVC-UH）管材如图 11-22 所示。

3. 非开挖技术应用

本项目市政管网修复优先采用非开挖修复，占地面积小，极大缓解了对周围环境及交通的影响。预处理加固基础、注浆止水、管道（障碍物等）切割、安装钢环等工艺成熟，应用非常成功。前河东路 DN1000 污水管道被树根破坏，仅通过注浆止水、切割树根、局部树脂修复等简单方式解决，造价低、效率高、影响小。紫外光原位固化法施工后的效果超出预期，该工艺形成的内衬管强度高，

图 11-22 高性能硬聚氯乙烯（PVC-UH）管材

与原有管道紧密贴合，内衬管表面光滑、没有接头、流动性好，极大地减少了原有管道过流断面缩小而造成的影响。

11.5 结论

城市排水设施"三分建设，七分管理"，由工程一次性投入主导的治水模式很难做到长治久清，仅依靠排水管养又无法完成城市排水系统历史存量病害问题的系统治理，只有市政排水设施运维"管养"和排水设施工程"治理"并重，把城镇水环境、水安全管理依托于一体化的排水设施管养才能做到工程精准治理和排水系统健康运行。在当下城镇水环境、水安全治理的背景下，白石涌流域治理采用"管养提升"创新模式取得显著成果，通过排水管养"耐心调理，逐步提升"，结合市政管养单位巡检维护不断检查、完善，循环往复，方能实现"长治久清"目标。

建设单位： 珠海供排水管网有限公司
设计单位： 珠海市规划设计研究院
施工单位： 骏腾环境科技有限公司
案例编制人员： 邹秋云、张雷、陈泽鑫、刘尔政、章葛、马林太

12 北京通久路（大红门地区十一号路—成寿寺路）污水管线改移项目——管线防渗加固工程

12.1 项目概况

12.1.1 基本情况

北京通久路西起丰台区规划大红门地区十一号路，东至朝阳区成寿寺路，全长约5.832km。道路起于丰台区，途经大兴区旧宫镇，最终到达朝阳区内，是城区间的一条东西向重要通道。在朝阳段内，通久路规划跨凉水河需新建桥梁，规划桥梁桩基与现DN2000污水管线存在局部冲突。桥梁桩基按规划实施时，桥梁施工单位在施工前未能发现现况DN2000污水管线，施工时误将此管线打穿，并导致此污水管线淤堵、污水流通受阻。

该管线为实施"聚焦攻坚水环境治理工程-旧宫镇污水管线及提升泵站工程"时所建设，于2018年竣工并投入使用，为旧宫地区重要的排污管线。其设计起点为团河桥北侧，分别沿黄亦路、南五环北侧、凉水河东岸，由西向东后向北最终进入小红门再生水厂。因桥梁桩基已建成，本工程需对原DN2000污水管线进行改移，在旧管线旁边顶进等径新污水管，因管线距离桥梁桩基较近，根据设计要求需对新管道内部进行防渗加固处理。

12.1.2 工程内容

此工程利用现有 DN2000 钢筋混凝土管顶管工作坑，采用紫外光固化法对该管线进行防渗加固。根据工程设计，内衬材料设计厚度为12mm，短期弹性弯曲模量为20000N/mm²，短期弯曲强度270N/mm²，修复长度168m。工程于2021年8月20日开工，11月17日竣工，总工期90日历天，且满足北京市安全文明环保施工要求。

12.2 技术方案

12.2.1 方案比选

目前，大管径排水管道非开挖修复工艺主要有 CIPP 紫外光固化法、翻转内衬法和螺旋缠绕法三种。

翻转内衬法修复工艺在施工中需要搭设施工架，进行材料翻转，施工流程繁琐、周期长；螺旋缠绕法修复工艺因修复管与原管道之间需注浆结合，修复后管道断面损失大。与这两种工艺相比，CIPP 紫外光固化法具有施工周期短，且相同工况下管道缩径及过流能力损失较小的优势，更适用于本工程。

12.2.2 管线防渗加固处理措施及计算

新建管线穿越凉水河，为防止污水管线渗漏对河道产生影响，需对管线内部进行防渗漏处理；管线北侧有桥梁桩基施工，最近处距离约4.5m，且管线上方后期有中水管线顶管施工，需对管线内部进行加固处理。

综合考虑采用 CIPP 紫外光固化法半结构性防渗加固修复工艺实施本工程。

1. 内衬管厚度计算

根据《城镇排水管道非开挖修复更新工程技术规程》CJJ/T 210-2014，进行管道结构性修复时，内衬管壁厚按下列公式计算：

$$t = \frac{D_0}{\left[\dfrac{2KE_{\mathrm{L}}C}{PN(1-\mu^2)}\right]^{\frac{1}{3}}+1}$$

$$C = \left[\frac{\left(1-\dfrac{q}{100}\right)}{\left(1+\dfrac{q}{100}\right)^2}\right]^3$$

$$q = 100 \times \frac{(D_E - D_{min})}{D_E} \text{ 或 } q = 100 \times \frac{(D_{max} - D_E)}{D_E}$$

式中 t——内衬管壁厚（mm）；

D_0——内衬管管道外径（mm）；

K——圆周支持率，取值宜为7.0；

E_L——内衬管的长期弹性模量（MPa），宜取短期模量的50%；

C——椭圆度折减系数；

P——内衬管管顶地下水压力（MPa），地下水位的取值应符合现行国家标准《给水排水工程管道结构设计规范》GB 50332的有关规定；

N——安全系数，取2.0；

μ——泊松比，原位固化法内衬管取0.3，PE内衬管取0.45；

q——原有管道的椭圆度（%），可取2%；

D_E——原有管道的平均内径（mm）；

D_{min}——原有管道的最小内径（mm）；

D_{max}——原有管道的最大内径（mm）。

2. 计算说明

（1）计算依据：《城镇排水管道非开挖修复更新工程技术规程》CJJ/T 210-2014 第5.2条；《给水排水工程管道结构设计规范》GB 50332-2002 附录A。

（2）内衬管长期弹性模量参照以往经验数值，需确定管材厂家后由厂家提供；本工程内衬管长期弹性模量取15649MPa。

（3）根据地勘文件，地下水位按地面以下11.9m，管侧土综合变形模量暂按黏性土或粉土（W_l<50%）砂粒含量大于25%取3MPa考虑。

其中管径2000mm，埋深为9.2~15.7m，计算后得出半结构性修复内衬管壁厚t=12mm。

12.2.3 紫外光固化法实施方案

1. 内衬软管结构

光固化内衬软管由外而内分为四层结构，即保护膜、外膜、玻璃纤维织物层和内膜，内衬软管结构示意图如图 12-1 所示。

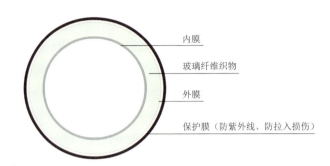

图 12-1　内衬软管结构示意图

2. 工艺流程

CIPP 紫外光固化法工艺流程：采用卷扬机把玻璃纤维软管拉入待修的旧管道中，接着通入压缩空气使软管胀开紧贴旧管内壁，然后使用紫外光光照固化软管，形成一层坚硬的"管中管"结构，使已发生破损或失去输送功能的地下管道在原位得到修复，施工工艺流程图如图 12-2 所示。

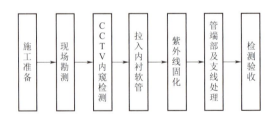

图 12-2　施工工艺流程图

CIPP 紫外光固化法作业流程如下：

（1）拉入防护膜

防护膜起保护内衬软管的作用，防止内衬软管在拉入过程中被凸起物划伤，出现破损，拉入防护膜如图 12-3 所示。

（2）拉入玻璃纤维内衬软管

将滑动滚轮放置到适当位置，紧接着将碾压好、留好预切长度的玻璃纤维软管从检查井处拉入要修补的原管道内，并在软管两端安装闭气的扎头，拉入玻璃纤维内衬软管如图 12-4 所示。

图 12-3　拉入防护膜

 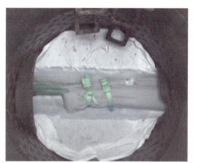

图 12-4　拉入玻璃纤维内衬软管

(3) 软管加压及紫外灯安装

将内衬软管一端封堵，另一端通过软管连接压缩机，通过向管道内通入压缩空气使内衬软管膨胀从而与原管道紧密贴合。在加压过程中还需要注意防止玻璃纤维软管过度膨胀或出现褶皱。吹胀后通过管道扎头在软管（砖堵后）内拉入小车式紫外光灯，设定好行走速度及光照参数，开始进行紫外光固化。软管加压及紫外光灯安装如图 12-5 所示。

(4) 紫外光固化

通过 CCTV 监测，及时调整小车式紫外光灯的行走速度及软管内温度等控制参数，使软管树脂处于最优硬化条件下。开启紫外光灯，通过照射使玻璃纤维内衬管固化并贴合在旧管道内壁上，紫外光固化如图 12-6 所示。固化前在内衬软管两端、软管外壁和旧管内壁间提前设置好 1~2 个密封圈防止两管间隙渗水。

图 12-5　软管加压及紫外光灯安装

图 12-6　紫外光固化

（5）端头处理

固化后，对检查井内管口采用气动切割机进行切割处理，切割后新的内衬管道端口超出井壁1cm或与井墙齐平。管口采用气动磨光机进行打磨，要求光滑、平整，不得有毛刺现象。

（6）软管内膜抽取

端头处理完毕后，抽出软管内膜。清理固化作业现场。

3. CCTV 检测

（1）施工前 CCTV 检测：紫外光固化施工前使用 CCTV 进行管内录像，以确定是否达到紫外光固化施工条件。

（2）竣工后 CCTV 检测：固化后的内衬管壁与原管道应紧贴，管壁无分层、无脱落，内壁面平顺光滑，无凹陷、隆起、气泡，褶皱相对高度不应大于设计要求和内衬管任意一点平均壁厚要求，端部缝隙无渗水。

视频资料应妥善保存，作为是否达到下道工序及竣工验收要求的影像资料依据。

12.2.4 管道功能性试验

本工程采用带井闭水试验，管段功能性试验按照《给水排水管道工程施工及验收规范》GB 50268-2008 无压管道闭水试验规定进行。

闭水试验应符合下列程序：

（1）管段灌满水后浸泡时间不应少于 24h；

（2）试验水头需达到试验段上游管内顶以上 2m，如井高不足 2m，将水灌至接近上游井口高度。注水过程中同时检查管堵、管道、井身渗水程度；

（3）试验水头达到规定水头时开始计时，观测管道的渗水量，直至观测结束时，应不断地向管段内补水，保持试验水头恒定。渗水量的观测时间不得小于 30min；

（4）化学建材管道的实测渗水量应不大于按下式计算的允许渗水量：

$$q = 0.0046 D_i$$

式中 q——管道允许渗水量 [m³/(24h·km)]；

D_i——管道内径（mm）。

12.3 实施情况

12.3.1 前期准备

目前 CIPP 紫外光固化法在国内已得到广泛应用，管径 DN200~DN1600 区间排水管线修复施工已常规化。但涉及本项目管径 DN2000 紫外光固化施工目前尚未有成功实施先例。本项目着重解决大管径 DN2000 紫外光固化施工所涉及的工艺参数验证、设备改装、施工注意事项等。

1. 人员准备

组建完善的项目组织机构，由分公司技术负责人全面负责技术，工程部负责协调施工、材料采购，项目部负责具体实施，紫外光固化班组负责设备及操作。

2. 技术准备

本项目开展前，技术人员通过查阅大量资料、文献，借鉴意大利 DN2000 施工经验等，多方调研制订可行性方案。

3. 前期沟通

为进一步确保方案的可行性，项目组组织技术人员与德国工程师、材料厂家召开技术方案视频交流会，对技术难点、施工细节等问题进行交流讨论；对紫外光固化参数、满足施工所需设备等进行可行性研讨。

4. 尺寸测量

现场复核原混凝土管管径、长度；根据复核数据定制材料管径、长度、厚度，使力学性能满足设计要求，原管道尺寸复核操作如图12-7所示。

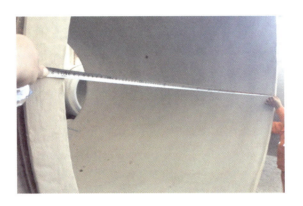

图 12-7　原管道尺寸复核操作

5. 设备准备

（1）将现有紫外光固化灯1000W（6只2组），改造为大功率紫外光固化灯2000W（6只2组），并进行预运行测试，紫外光固化设备如图12-8所示。

图 12-8　紫外固化设备

(2) 现有电缆长度150m,为满足本工程施工,改造为长度190m;电缆线满足改装后的设备负荷。

(3) 紫外光固化灯架伸展长度由原有1.5m改造为2m,并进行预运行测试,灯架试运行如图12-9所示。

(4) 发电机功率满足改装后的设备需求。

(5) 因此次施工管径为DN2000,材料自重大,常规的1台空压机无法满足软管内气压要求,故采用2台空压机同时打压至工作压力,施工前对设备进行试运行测试。

(6) 卷扬机最大拉力10t,加动滑轮2组以减小阻力;使用前检验钢绞线是否完好。

(7) 由于料箱尺寸大,且基坑深度16m,为保证基坑周边土体的稳定性,吊装需远离基坑,提高安全系数,选用130t起重机;吊装前对料箱加固,绘制吊装平面示意图。

图12-9 灯架试运行

(8) 扎头尺寸由现有直径1m改造为直径1.6m,使用前检测扎头气密性,扎头如图12-10所示。

图12-10 扎头

(9) 现场布置紫外光固化材料临时库房,如图12-11所示。配备两台3匹空调,保证原材料避光、通风,存贮温度满足5~25℃。

6. 方案准备

制订专项施工方案、应急预案、吊装方案、推演方案。

图 12-11　紫外固化材料临时库房

7. CCTV 预检测

紫外光固化施工前，采用人工和 CCTV 结合的方式进行固化前检测。检查现况管道内是否有沉积物、垃圾及其他障碍物，是否有积水或渗水现象；管道内壁表面应洁净无附着物、尖锐毛刺和凸起物。如发现以上情况须立即进行修复，修复后再次进行检测，直至达到紫外光固化施工条件。

12.3.2　施工过程

1. 施工现场平面布置

根据现场踏勘情况，绘制施工平面布置图（图 12-12）；由于本工程具有内衬材料自重大、树脂类材料流动性好、现场工作坑深等诸多不利因素，为保证本工程的安全及质量，将经工字钢加固后的料箱吊装至工作坑内进行施工，料箱工字钢加固后吊装与材料入管如图 12-13 所示。

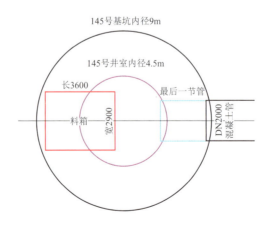

图 12-12　施工平面布置图

图 12-13　料箱工字钢加固后吊装与材料入管

2. 扎头绑扎

采用 1600mm 直径扎头，起重机辅助安装，由于此次施工管径为 DN2000，为进一步确保扎头绑扎牢固，使用气动绑扎器进行扎头绑扎，气动绑扎器与扎头加固如图 12-14 所示。

图 12-14　气动绑扎器与扎头加固

3. 打压

采用 2 台空压机同时打压至工作压力，第一次充压，目标压力为 2~3kPa，充压速率为 1kPa/min；第二次充压，目标压力为 14~18kPa，充压速率为 1.5kPa/min；阶段性保压时间大于或等于 10min，固化前保压压力为 14~18kPa，最终保压时间大于或等于 20min。

4. 安装灯架及开灯

安装紫外光固化灯架，并拖拽至起始固化位置后，打开紫外灯，灯架安装及启动如图 12-15 所示。本次采用的灯架功率为 2000W，6 只 2 组，共计 12 只灯泡，开灯时需逐一将灯泡开启，开灯间隔时间为 60s，共计花费 11min。

图 12-15　灯架安装及启动

5. 紫外光固化施工参数

压力 14~18kPa，温度 80~120℃，巡航速度 0.15~0.30m/min。

6. CCTV 质量检查

施工完毕后，采用 CCTV 对内衬管壁进行质量检查，CCTV 检测如图 12-16 所示，管壁无分层、无脱物，内壁面应平顺光滑，无凹陷、隆起、气泡等问题，端部缝隙无渗水。

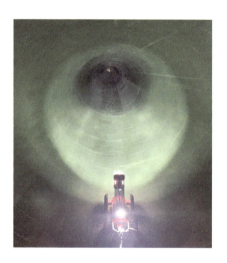

图 12-16　CCTV 检测

7. 材料检测

本项目紫外光固化内衬材料切片现场取样，如图 12-17 所示，取样完毕后送至第三方检测单位检测。

1	工程名称	通久路污水管线改移工程
2	道路名称	通久路
3	管段编号	W145-W146
4	取样工作井	W145号基坑
5	管径、厚度	DN2000、12mm
6	取样日期	2022年6月17日
7	材料厂商	
8	取样人	

图 12-17 现场取样

12.3.3 技术难点及解决措施

在本项目实施前，国内尚无 DN2000 管径紫外光固化工艺成功案例，无 DN2000 固化工艺操作参数。根据工程需要，需进一步改进紫外灯、绑扎头灯设备，并控制材料质量达到设计要求。对此，项目组采取措施如下：

（1）工艺参数：技术人员查阅大量资料、文献，借鉴意大利 DN2000 施工经验，与德国工程师、材料厂家多次进行施工细节交流，对紫外光固化参数、满足施工所需设备等进行可行性研讨；确定工作压力 14～18kPa，温度 80～120℃，巡航速度 0.15～0.3m/min；

（2）设备：紫外光固化灯灯架最大伸展长度 1.5m 改装为 2m，以保证灯架伸展后紫外光固化灯位于管线中心，使材料受紫外光照射温度、距离一致，解决可能出现的材料固化程度不均匀问题；

紫外光固化温度需保证管线内材料照射温度满足 80～120℃。由于现况管线单段井距 $L=155$m，且管径大，现有紫外光固化灯 1000W 不能满足材料照射温度要求，改装紫外固化灯功率 1000W 至 2000W。

现场单段井距 $L=155$m+基坑深度+设备停放距离+预留长度 10m，经计算需用电缆长度为 190m；参考灯架用电功率核算电缆截面，确定电缆型号，更换电缆。

紫外光固化灯架改装后为 2 组灯架，每组 6 个紫外光固化灯，每盏灯 2000W；设备改装后，用电功率大幅提高，更换的电缆线满足负荷，静音发电机功率满足需求。

现有紫外光固化扎头直径 1000mm，不适用 DN2000，改装增大扎头直径至

1600mm，解决施工过程中可能出现的扎头崩出问题。

（3）材料物理性能：由厂家生产试验段材料进行紫外光固化，固化后材料送第三方试验室检测，检测设计要求为：材料厚度12mm，短期弹性弯曲模量20000MPa，短期弯曲强度270MPa；检测项目为密实性测试、三点抗弯强度和弯曲弹性模量测试厚度测试、拉伸断裂强度测试、耐腐蚀测试。试验段测试合格后，方可定制材料。

12.4 建设效果及创新点

12.4.1 建设效果

根据第三方紫外光固化切片检测报告及CCTV检测结果，进一步验证了本项目的实施效果。主要包括以下检测内容：

1. 密实度检测

检测报告充分说明本工程紫外光防渗施工材料密实度符合规范要求，可起到防渗止水作用，满足修复要求。

2. 力学性能及耐腐蚀性能

通过耐腐蚀检测报告，充分说明该材料短期力学性能满足设计要求；同时，耐腐蚀性能符合《城镇排水管道非开挖修复更新工程技术规程》CJJ/T 210-2014中相关规定，力学性能及耐腐蚀检测数值如表12-1所示。

力学性能及耐腐蚀检测数值　　　　　　表12-1

测试项目		短期弹性弯曲模量	短时弯曲强度
设计要求（N/mm^2）		20000	270
试验结果 （N/mm^2）	初始值	21141	407
	硫酸腐蚀后	20873	417
	初始值	22151	456
	氢氧化钠腐蚀后	21396	451

12.4.2 创新点

本项目确定了紫外光固化施工参数，并由材料生产厂家认可，发布固化参数作业指导书，为后续超大管径紫外光固化常规化施工提供依据。DN1500与DN2000紫外光固化法工艺参数对比如表12-2所示。

DN1500 与 DN2000 紫外光固化法工艺参数对比　　　表 12-2

项目	DN1500	DN2000	备注
温度（℃）	80～120	80～120	固化温度要求一致
行进速度（m/min）	0.15～0.20	0.15～0.30	紫外固化灯行进速度有区别
压力值（kPa）	18	14～18	压力值有区别
紫外灯架伸展（mm）	1500	2000	伸展率有区别
紫外灯功率（W）	2×6×1000	2×6×2000	紫外灯功率有区别
扎头直径（mm）	1000	1600	扎头直径有区别
作业井	700～800mm 作业井、检查井	基坑开挖	DN1500 可在现况检查井内施工；DN2000 需满足施工工作面。（因管径大，叠料后材料宽 0.8m，常规检查井无法下料，需根据现场施工条件制订相应施工方案）

12.4.3　效益

本项目成功实施开创了国内超大管径 CIPP 紫外光固化法修复先例，是大口径排水管道修复领域的一次重要突破，更是对城市排水系统管网修复和维护的一次积极探索。通过本项目获得了 DN 2000 CIPP 紫外光固化法施工的宝贵经验，拓展了该工法的应用范围，为后续类似工程提供经验借鉴。

2023 年 3 月，受北京北排水环境发展有限公司通惠河流域分公司高碑店再生水厂委托，北京北排建设有限公司基于本次工程积累的技术经验，对高碑店水厂二期渗漏配水管采用紫外光固化工艺进行修复更新。其中设计管径为 DN2000、厚度 12mm，2 个井距，单段井距达 178.3m，合计修复长度 356.6m。该项目于 2023 年 3 月 25 日圆满完成，再次刷新 CIPP 紫外光固化法的国内最大管径、最长距离施工纪录。

12.5　结论

本项目通过前期项目推演、项目实施、功能性验证直至最终成功实施，在摸索的过程中总结出以下经验：

（1）通过改装增大扎头直径，采取措施加强扎头绑扎牢固性，解决了施工过程中扎头易崩问题；

（2）通过增大紫外光固化法灯架伸展直径由 1.5m 增至 2m，增加紫外灯功率由 1000W 至 2000W，保证紫外光灯架位于管道中心，使内衬材料受到紫外光照射温度、距离一致，解决可能出现的材料固化程度不均匀问题；

（3）参照国外 CIPP 紫外光固化法参数经验，通过本次工程实际应用验证，验证了 DN1700～DN2000CIPP 紫外光固化法参数在施工中的可实施性，为后续超大管径 CIPP 紫外光固化法常规化施工提供依据。

业主单位： 北京市绿化隔离地区基础设施开发建设有限公司
设计单位： 北京北排水务设计研究院有限公司
建设单位： 北京北排建设有限公司、北京市政建设集团有限责任公司
案例编制人员： 孔非、刘超、孙春光、张经纬、杨益根

13 厦门市筼筜湖纳水管水泥基材料喷筑法修复加固工程

13.1 项目概况

筼筜湖生态修复实践作为厦门生态文明建设样板，生态治理实现了从点到面、从水下到岸上、从单一治理到联合共治，并入选2023年生态环境部发布的第二批美丽河湖优秀案例。筼筜湖纳水管修复工程属于厦门地铁2号线沿线市政改造及景观提升（岛内段）A标段工程，位于思明区湖滨北路筼筜湖段。其中待修复管为钢筋混凝土管，管径DN1400，管道长153.95m。该管段为西水东调生态补水压力管管线（图13-1），将厦门岛外海水泵入筼筜湖，保证筼筜湖水质"鲜活"。该管道使用年限长，内壁粗糙，腐蚀严重，骨料、钢筋外露且存在多处渗漏（图13-2），经评价为整体缺陷管道。为避免现有管道工况继续恶化最终导致结构破坏，影响正常使用，需及时对该管段进行修复加固。根据厦门城市建设强度、交通和人口分布情况，传统开挖方式更换管道成本较高，且对周边环境以及居民日常生活影响较大。在对现有非开挖修复技术比较分析后，本工程选用了水泥基材料喷筑法对管道进行修复更新。

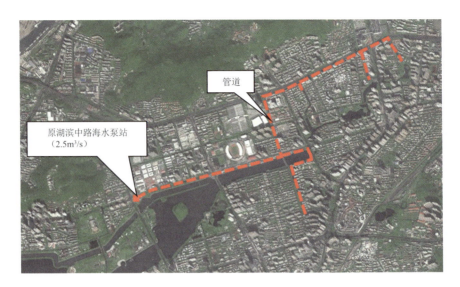

图 13-1　西水东调生态补水压力管管线

图 13-2　管道腐蚀破损情况

13.2 技术方案

13.2.1 水泥基材料喷筑法

1. 技术原理

水泥基材料喷筑法主要采用离心喷筑方式，将预先配制好的膏状特种水泥浆泵送到由压缩空气驱动的高速旋转喷头上，材料在高速旋转离心力的作用下均匀甩向管道内壁，同时旋转喷筑设备在牵引绞车的带动下沿管道中轴线缓慢行驶，使修复材料在管壁形成连续致密的内衬层。当一个回次的喷筑完成后，可适时重复喷筑，直到喷筑形成的内衬层达到设计厚度，水泥基材料喷筑法技术原理图如图 13-3 所示。离心喷筑一般适用于圆形管道的修复加固。

当施工人员能进入管道、检查井、各类箱涵等构筑物施工时，可采用人工喷筑，将预先配制好的膏状修复材料（特种水泥浆）泵送到手持喷头上，在压缩空气驱动下喷筑到构筑物基面。

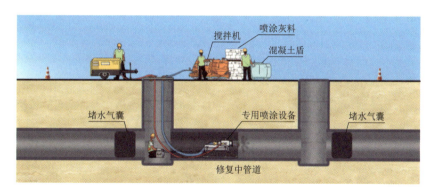

图 13-3 水泥基材料喷筑法技术原理图

2. 技术特点

水泥基材料喷筑法适用于管径为 0.3~4.0m 管道的功能性和结构性修复，该技术基于检查井离心喷筑修复工艺改进，技术相对成熟、可靠。特点如下：

（1）水泥基材料喷筑法的材料为专用的高强度纤维增强特种内衬灰浆材料。材料自 2001 年研发投入工程应用至今，材料配方可靠，性能稳定，防渗性能好，可在潮湿基体表面使用。

（2）采用全自动双向旋转离心喷筑工艺，涂层均匀致密，修复材料与基体表面粘合紧密，对基体上的缺陷、孔洞、裂缝等有填充和修补作用，充分利用原有结构强度。

（3）可针对管径、埋深、地下水、地质及管道破损等情况，灵活设计内衬厚度，并可在不同管段调整内衬厚度，节约修复成本。

（4）喷筑设备尺寸小，可通过调速绞车回拉行走在管道中，不受管道弯曲、转角等限制。一次性喷筑修复距离可达150m以上，内衬连续、无接缝。

图13-4　高强钢丝网

（5）对于超大断面管涵和压力管道，可在喷筑层之间预加筋（钢筋网、纤维网等），增加衬体的整体强度。

本工程管道为压力管道，因此本次修复时需要敷设高强钢丝网，如图13-4所示。高强钢丝网采用高强度弹簧钢丝经焊接为网状结构而成，砂浆喷筑设计厚度为4cm。

3. 材料及性能

水泥基材料喷筑法所用材料由改性水泥、添加剂（含防腐剂）在工厂混配制成。具备高强度、涂抹性好、耐磨及耐腐蚀性好等特点。除了良好的可施工性，喷涂砂浆在潮湿表面上也具有很强的黏附力，易出现流挂现象。砂浆材料的性能参数如表13-1所示。

砂浆材料的性能参数　　　表13-1

序号	检验项目		性能指标
1	抗压强度（MPa）	24h	≥25
2		28d	≥65
3	抗折强度（MPa）	24h	≥3.5
4		28d	≥9.5
5	凝结时间（min）	初凝	≥45
		终凝	≤360
6	静压弹性模量（MPa）	28d	≥30000
7	拉伸粘接强度（MPa）	28d	≥1.2
8	抗渗性能（MPa）	28d	≥1.5
9	收缩性（%）	28d	≤0.1

续表

序号	检验项目		性能指标
10	抗冻性（%）	强度损失	≤25
		质量损失	≤5
11	耐酸性	5%硫酸溶液腐蚀24h	无剥落、无裂纹

（2）高强钢丝网材料主要技术指标如表13-2所示。

高强钢丝网材料主要技术指标　　　表13-2

钢丝直径（mm）	幅宽（m）	网孔尺寸（mm）	单根筋抗拉力（kN）	抗拉强度（MPa）	焊点抗剪力（kN）
4	1.2	40×40	10	1470	2

13.2.2　注浆堵漏技术

1. 技术简介

注浆技术根据注浆位置可分为地面注浆和管内注浆，地面注浆是指从地面将注浆材料注入管道渗漏部位进行堵漏的技术，一般采用水泥基类注浆材料。当管道埋深较深时，往往难以保证注浆液准确注入管道渗漏部位。往往需要大量的浆液，且效果不是很明显，因此在一些大口径且埋深较深的管道中应用较少。

管内注浆是指从管道内部将浆液注入周围土体以达到注浆止水的目的。管内注浆适应于可进人的大口径管道（DN800及以上）渗漏注浆。为了提高注浆效率，往往采用反应更快的树脂类的注浆材料。管内注浆一般可以起到明显的堵漏效果，同时在一些大型箱涵、隧道中也可应用。本工程在修复前预处理过程中采用了管内注浆技术进行注浆堵漏。

2. 材料及性能

本工程采用单组分、疏水性的聚氨酯高效堵水材料进行管内注浆堵漏，该材料遇水迅速反应，发泡膨胀，主要用于构筑物裂缝堵漏，涌水堵漏效果明显，单组分聚氨酯材料如图13-5所示。

该材料与水反应发泡膨胀，短期内膨胀量可达400倍，在裂缝中形成密闭的防水体系，可根据工程需要调节催化剂含量

图13-5　单组分聚氨酯材料

来调节固化时间。注浆材料可用于涌水环境中，具有良好的耐化学腐蚀性，耐酸碱和耐有机溶剂溶胀。适用工程部位包括构筑物裂缝、检查井井壁、管道接口渗漏堵漏，隧道掌子面稳固、管片接口防水、地下构筑物施工缝堵漏。PU H100 材料（未添加催化剂）性能如表 13-3 所示、PU H100 ACC 催化剂性能如表 13-4 所示、PU H100+催化剂（混合体）性能如表 13-5 所示。

PU H100 材料（未添加催化剂）性能　　　　　表 13-3

项目	指标
黏度（25℃常规温度）（mPa·s）	±160
闪点（℃）	>150
密度（kg/dm^3）	±1.06

PU H100 ACC 催化剂性能　　　　　表 13-4

项目	性能指标
黏度（25℃常规温度）（mPa·s）	±160
闪点（℃）	>150
密度（25℃常规温度）（kg/dm^3）	±0.9

PU H100+催化剂（混合体）性能　　　　　表 13-5

项目	指标	项目	指标
抗压强度（MPa）	>20	弯曲强度（MPa）	>10
抗拉强度（MPa）	>2	密度（kg/dm^3）	±1

13.3　施工流程

13.3.1　污水导排与管道清洗

1. 堵水和污水导排

待修管道为现役管道且正常通水，修复过程必须保证管段无积水，因此须采用快速堵水和排水措施。在施工前用气囊将修复段的上下游堵住，然后用污水泵将上游来水导排至修复段下游，并将修复段内的积水快速抽干后进行施工作业。同时，内衬砂浆喷筑后需要一段凝固时间，在其终凝前不应受到水淹或水流冲刷。

2. 清淤和管道清洗

旧排水管道内部存在大量的污泥淤积及垃圾沉积，产生的 H_2S 等酸性气体会引起混凝土腐蚀、钙化，使管壁混凝土层疏松、脱落。另外本工程的管道输送介质为海水，在长期运行下，贝壳类生物附着在管壁上，给管道清淤造成很大困难。本工程预处理采用高压水射流清洗技术，清除管内的污泥、垃圾，对于难以清除的硬质物采用人工进行清理。经过多次清洗，管壁上的浮泥、油渍、腐蚀的混凝土疏松表层全部清洗干净，露出坚实底层，管道清理完毕后的照片如图 13-6 所示。

图 13-6　管道清理完毕后的照片

3. 注浆堵漏

积水影响砂浆与基面的粘结强度，喷筑施工时应保证喷筑基面没有水流或积水，管壁存在涌水、漏水及渗水的位置均需进行堵水，确保在喷筑材料硬化之前不受水流冲刷。工程实施过程中采用了高压注浆堵漏技术，具体流程如下：

设备进场→漏水点分析→钻注浆孔→埋设注浆针头（或注浆导管）→高压注浆→切除（或取出）注浆针头→采用聚合物水泥处理注浆针头的露头。

（1）钻孔：注浆施工技术性较强，需根据漏水点和裂缝大小、分布等情况设置注浆孔。对于漏失裂缝，注浆孔沿裂缝两边交叉以 45°角钻入注浆孔，并与裂缝或接缝斜交。钻孔与接缝的交接部位在墙体或结构体厚度的一半位置，注浆孔钻孔及布置方式如图 13-7 所示。

（2）埋设注浆针：观察主漏水孔的压力，水流不急、压力不大时可用快干堵漏材料将注浆止水针头埋住，或根据施工情况也可打入木楔再用快干堵漏材料封堵，结构稳固后，再重新在木楔上钻孔并安装膨胀止水针头。当达到一定强度且漏点不渗漏时，安装其他泄水孔的止水针头。

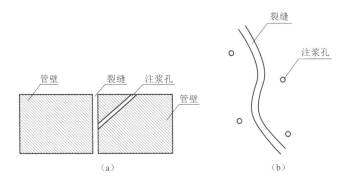

图 13-7　注浆孔钻孔及布置方式

（a）注浆孔钻孔；（b）注浆孔布置方式

安装时用专用扳手拧紧，使注浆针与钻孔之间无空隙、不漏水；如遇墙面慢渗，需依次安装膨胀止水针头，漏水点应分层错位安装，这样注浆可以从深层至表层完全堵塞所有孔洞和缝隙。

（3）注浆针清理：注浆完毕 24h 后，经过确认不渗漏即可拔去或切除高出表面的注浆针。已固化的溢漏出注浆液需清理干净，并对结构基面进行修补处理。

13.3.2　钢筋网安装

为增加管道结构强度，需对整条管道铺设钢筋网，钢筋网丝直径为 4.0mm，钢丝间距为 40mm×40mm。施工时，人工将预制钢筋网通过螺钉固定在管壁上，钢筋网铺设、钢筋网铺设效果如图 13-8、图 13-9 所示。

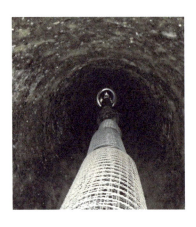

图 13-8　钢筋网铺设

13.3.3 砂浆喷筑

1. 砂浆搅拌

将工程制成的砂浆干粉，每袋（22.68kg）掺加约 4.5L 的自来水，然后高速剪切搅拌 3～4min，制得稠度均匀的复合灰浆。为确保加入砂浆中的抗腐蚀添加剂能充分地分散到砂浆中，应提前按照 2.5%～3% 的体积溶度将添加剂与搅浆用水预先混合均匀，将添加剂水溶液用于搅拌砂浆，添加剂在砂浆中的体积比为 1% 左右。

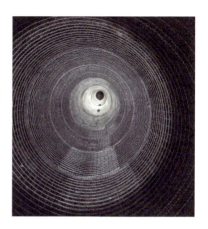

图 13-9　钢筋网铺设效果

在使用过程中，应持续搅拌以保持复合灰浆有足够的流动性，防止在使用过程中复合灰浆变硬；复合灰浆应视现场情况不同，控制在 40min 内完成使用。

2. 喷筑施工

喷筑施工前应先将结构表面清洗干净并保持表面充分湿润，从而保持新喷砂浆不至于过快脱水。将搅拌好的浆料连续喷筑到结构表面直至达到预定厚度，为保证表面平整，喷筑后应立即将涂层表面抹平，图 13-10 为喷筑修复效果。

3. 砂浆养护

在养护过程中，应保持喷筑面处于潮湿、无风的环境；在温度较高或蒸发量比较大的情形下，应在内衬层表面喷洒混凝土专用养护剂，以防内衬表面水分过快蒸发造成表面开裂。正常情况下，内衬喷筑 4h 后可以满足浸水条件；养护 12h 后，内衬具备足够的力学强度，可以正常通水并能承受水流冲刷。

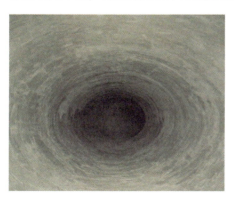

图 13-10　喷筑修复后效果图

注意事项如下：

（1）在环境温度或管道表面温度超过 37℃时，不应进行喷筑施工。应将材料放置在阴凉处保存，待温度降低后施工。

（2）在环境温度超过 26℃但不到 37℃时，若需延长复合灰浆的使用时间，工程施工人员可使用凉水或冰水制料。

（3）当喷筑后需要收浆处理时，应在材料硬化之前对其进行快速处理。可以简单地用手指轻压涂层表面来判断材料是否已经凝固硬化。

（4）喷筑后需保持内衬层处于合适的养护环境，尤其在高温天气。

13.4　结论

本工程的实施表明水泥基材料喷筑法管道修复技术在混凝土、钢管等管道修复中具有无须开挖路面、环境影响小、材料结构强度高、抗腐蚀性能优良等优点，尤其对于大管径、异形管涵的修复中相对其他非开挖修复工艺具有显著优势。具体特点如下：

（1）有效修复管道内表面的损伤和缺陷，提高管道内壁的光滑度和耐久性，从而降低管道流阻，提高管道输送效率。

（2）在管道内表面形成一层致密、均匀、耐磨的涂层，有效地保护管道内壁不受腐蚀和磨损，提高管道耐腐蚀性能。

（3）通过高强钢丝网结合水泥基材料喷筑形成内衬，使原有管道结构强度得到显著加强，提高了管道运行安全性。

（4）水泥基材料喷筑法管道修复技术使用环保型材料和工艺，不影响输送水质，且整个修复过程无须开挖路面，降低了修复过程对环境的影响。

业主单位：　厦门市市政工程中心
设计单位：　厦门市市政工程设计院有限公司
建设单位：　永富建工集团有限公司厦门分公司、安越环境科技股份有限公司
案例编制人员：　廖宝勇、遆仲森、孔耀祖

14 深圳市龙岗河流域箱涵高密度聚乙烯内衬垫（垫衬法）修复工程

14.1 项目概况

14.1.1 项目情况

2020年深圳市龙岗区开展实施龙岗河流域水质提升及污水处理提质增效工程，工程内容主要包括深圳地铁10号线沿线水环境治理工程、优秀城中村改造工程、坂田河水质改善工程、排水管道隐患修复工程、雨污分流工程、正本清源改造工程、箱涵修复工程。项目区域涵盖观澜河流域、坂田河流域、岗头河流域，施工范围涉及坂田街道下辖的坂田、杨美、大发埔、岗头和象角塘5个社区。坂田河、老坂田河、岗头河支流二分布平面示意图如图14-1和图14-2所示。

其中龙岗河流域箱涵修复工程包括坂田河箱涵，老坂田河箱涵、岗头河支流箱涵三条箱涵，箱涵情况如表14-1所示。

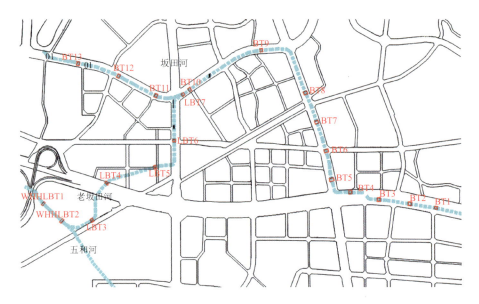

图 14-1 坂田河、老坂田河分布平面示意图

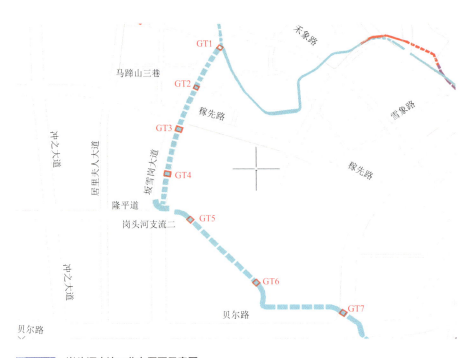

图 14-2 岗头河支流二分布平面示意图

箱涵情况　　　　　　　　　　　　　　表 14-1

序号	暗涵名称	规格		箱涵材质	长度（m）
		宽度（mm）	高度（mm）		
1	坂田河箱涵	2600~6200	1900~3700	混凝土	3600
2	老坂田河箱涵	2500~5000	2300~5000	混凝土	1760
3	岗头河支流箱涵	3500~4100	1800~3100	混凝土	1887.1

14.1.2　存在的问题

原箱涵内部沉积淤泥较多，过流断面减小，影响排水能力。同时箱涵内壁出现裂缝，表面存在不同程度的腐蚀、麻面现象，多处存在渗漏现象，导致污水外漏，地下水内渗。

修复工程需要对箱涵沉积泥沙等进行清理疏通，恢复箱涵正常的排水能力，并对现有的结构缺陷进行修补，保障其结构安全，提升排水泄洪能力。

14.2　技术方案

14.2.1　方案比选

目前箱涵修复可采取方案主要包括钢筋混凝土内衬修复技术、垫衬法修复技术两种。

（1）钢筋混凝土内衬修复技术：修复后工程结构强度高，整体性好。但在施工中需要搭设脚手架、绑扎钢筋、安装模板、浇筑混凝土，材料运输量大，施工流程繁琐、周期长。且钢筋混凝土内衬厚度约需 150~200mm，两边侧墙、底板及顶板在施工完成后，原箱涵内径减小 300~400mm，影响箱涵过流能力。深圳市属南亚热带季风气候，降水量大，对箱涵的排水功能要求较高，故钢筋混凝土内衬修复技术不满足要求。

（2）垫衬法修复技术：该方法将带有锚固键的内衬垫安装于箱涵内部，在内衬垫与原箱涵之间的空隙内注入灌浆料，固化后内衬垫与原箱涵内壁锚固在一起，形成内衬结构。具有强度高、耐腐蚀、防渗性好等特点，修复后可减少水头损失且能适应结构变形。

经比较分析，垫衬法修复技术具有施工周期短，且相同工况下过流断面缩小较少，流通能力得到保持的优势，更适用于本修复工程。

14.2.2 垫衬法修复技术

1. 技术原理

垫衬法修复技术采用高密度聚乙烯内衬垫焊接预制成与待修复管道相配套的内衬层，衬垫具有V形锚固键，与原管内壁间形成空隙，通过对环形空隙灌入高强度浆料固定内衬垫，在管内形成新的内衬层，并与原箱涵管道形成一个整体，对管道结构起到加固和修复的目的，高密度聚乙烯内衬垫与箱涵垫衬法修复断面图如图14-3所示。

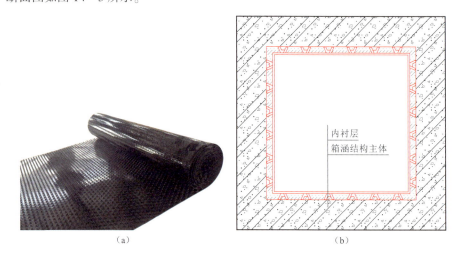

图14-3 高密度聚乙烯内衬垫与箱涵垫衬法修复断面图
(a) 内衬垫；(b) 修复断面图

2. 工艺流程

本工程箱涵全断面修复，修复用内衬层设计厚度为20mm，施工流程如下：

（1）施工准备

准备技术方案和布置施工场地，包括获取道路管制许可、安置进场的各类材料设备、接通水电设施和采用CCTV技术对原有管道内部情况进行检测，并对特殊位置作好记录，如局部渗水比较严重的位置。

（2）箱涵清理

对于箱涵内部进行清理，清除泥沙淤泥等杂物，并用高压水枪将管道内壁冲洗干净，直至露出暗涵结构基面。

（3）预处理

箱涵清淤、冲洗干净后，对渗水和破损严重的部位进行处理，孔洞部位用砂浆进行修补处理，使箱涵结构基面平整牢固。

（4）高密度聚乙烯内衬垫的安装和固定

内衬垫根据箱涵规格裁剪下料并焊接连成整体。由于箱涵断面较大，采用锚固垫片固定内衬垫，并采用锚栓与箱涵固定，通过电磁焊接法将内衬垫与垫片焊接，形成可靠连接。

（5）模架支撑

采用钢管、模板支撑内衬垫，在内衬垫与原箱涵结构之间进行灌浆。待浆料固化后，形成混凝土内衬层，可对箱涵起到修复和防渗防腐作用。垫衬法施工流程如图 14-4 所示。

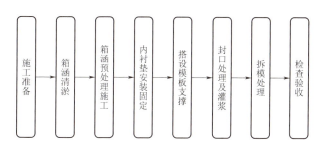

图 14-4　垫衬法施工流程

3. 技术特点

垫衬法应用范围广泛，可在多种材质、形状的管道或涵洞内进行安装，包括混凝土管、钢管、玻璃钢管、各种塑料管及砖砌、石砌涵管等。对超大管径管道、箱涵、异形涵洞的修复效果亦较为突出。修复后具有提高管道排水速度、防渗防腐蚀、延长管道使用寿命的特点。技术特点如下：

（1）耐腐蚀性能：内衬垫材料选用高密度聚乙烯材质，具有良好的耐酸碱性和耐化学腐蚀性，能延长修复管涵的使用年限。

（2）耐压能力强：采用高性能浆料将内衬管和原管道结构粘合，共同承担原有荷载，并增强其抗压能力。其次，注浆料的流动性好，它可以填充接头缝、破损等缺陷部位及周边空洞，对管涵起到修复加固作用。

（3）抗变形：内衬垫材料拥有良好的抗拉伸性能和抗撕裂强度，可适应管道的二次变形。

（4）施工便捷：垫衬法施工设备简单，无须大型设备，而且可在短时间内完成修复。

（5）降低水阻，保障管涵过流能力：尽管内衬层减小了原管涵内径，但由于内衬垫表面光滑、摩擦系数小，有利于保证管涵流通能力。

4. 产品性能

垫衬法所用的主要材料为高密度聚乙烯内衬垫与灌浆料，材料主要性能指标如表 14-2 所示。

材料主要性能指标　　　　　表 14-2

材料	检验项目	性能要求
内衬垫	密度（g/cm³）	0.941～0.960
	屈服强度（MPa）	≥20
	断裂伸长率（%）	≥400
水泥基灌浆料	凝胶时间（h）	≤10（初凝时间）
	截锥流动度（mm）	≥340（初始值）
		≥310（30min）
	抗压强度（MPa）	≥55（28d）
	抗折强度（MPa）	≥10（28d）
	弹性模量（GPa）	≥30（28d）
	自由膨胀率（%）	0～1（24h）

（1）内衬垫

内衬垫每平方米分布有 420 余个锚固键，可使内衬垫与灌浆料锚固连接。内衬垫满足耐酸、耐碱要求，能够减缓混凝土腐蚀，延长管涵使用寿命。

（2）水泥基灌浆料

水泥基灌浆料主要由水泥、专用外加剂，并辅以多种矿物改性组分和高分子聚合物配合而成。具有低水胶比、高流动性、零泌水、微膨胀、耐久性好等特点。

14.3　实施情况

14.3.1　箱涵检测与评估

施工单位进行了现场勘察，理清了原箱涵的排布、走向、破损等情况。箱涵内部沉积淤泥较多，最大厚度达 120 余厘米，过流断面减小，影响排水能力。同时箱涵结构出现裂缝，表面存在不同程度的腐蚀、麻面现象。箱涵内部出现的具体破损情况及成因如下：

（1）沉积：箱涵为雨水箱涵，断面尺寸较大，地表水流入带进大量泥沙，在没有及时清淤疏通的情况下，产生沉积。

（2）渗漏：本箱涵出现的渗漏主要有点渗和面渗，主要由箱涵外部地下水从箱涵薄弱处渗入，或箱涵结构产生裂缝，水从裂缝处渗入内部。

（3）腐蚀：箱涵表面存在麻面、腐蚀，一是因为城市雨水为弱酸性，长期冲刷对箱涵产生一定腐蚀。二是因为本流域工程在雨污分流改造前，有部分污水流入，在生化作用下对箱涵产生一定腐蚀。

（4）裂缝：箱涵结构出现少量裂缝，主要由结构沉降引起。

箱涵内部缺陷病害情况如图 14-5 所示。

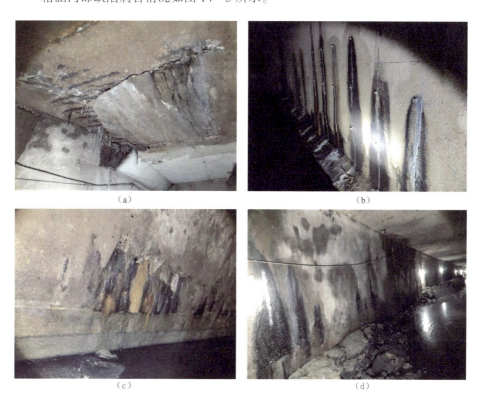

图 14-5　箱涵内部缺陷病害情况

(a) 结构裂缝；(b) 侧墙渗漏；(c) 侧墙腐蚀、渗漏；(d) 渗漏、沉积

14.3.2　施工准备

施工前做好人员、材料、机械设备等准备工作。施工现场准备工作主要包括箱涵内通风、截水导排、箱涵清淤等工作。箱涵断面较大，且全部埋入地下，最

深的位置覆土达 7m 以上，检查井间距离较长，有的检查井间距达 300m 以上。为方便施工，须选择合适的地方开挖施工井，以方便材料运输、通风设备安装等操作。

（1）人员准备：组建完善的项目组织机构，由技术部负责技术指导，工程部负责协调施工、材料采购，项目部负责具体实施，施工部负责设备及操作。

（2）技术准备：本项目开展前，查阅相关安全管理规定（尤其是沼气类有毒气体控制），收集暗涵内部施工管线、水文、淤泥深度等相关资料，借鉴国内外相关经验，经多方调研后制订施工方案，做好暗涵施工技术交底，确保作业人员充分了解作业环境，从技术层面上确保方案切实可行。

（3）尺寸测量：现场复核原箱涵尺寸、位置、高程，根据复核数据确定修复材料的尺寸、厚度、力学性能以满足设计要求。

（4）设备准备：本工程的施工作业面位于箱涵内部，存在缺氧、空气质量极差、无光线等问题。在施工时，根据各分段箱涵的不同特点，将各个工作点位井位盖板打开，用送风机配套相应的送风袋，初期对箱涵进行 24h 不间断送风，将箱涵内的腐臭空气彻底换新，保证箱涵内有足够的空气对流，在氧浓度检测合格后方能进入暗涵施工，确保人员安全。

通风设备采用专用鼓风机送风换气，配备泵吸式四合一气体检测仪、便携式气体检测仪进行气体检测。箱涵内部照明设备采用 12V 低压照明，如头戴式矿灯、手提式照明灯等。施工准备涉及的部分设备和准备工作如图 14-6 所示。

（a）

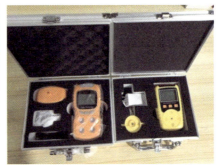
（b）

图 14-6　施工准备

（a）通风设备；（b）气体检测仪

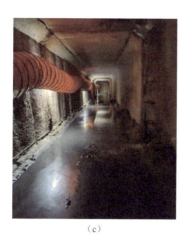

图 14-6 施工准备（续）

（c）通风及照明；（d）箱涵导流

14.3.3 箱涵预处理

1. 截水导排

箱涵内部正常情况还有部分水流，为不影响修复施工，需进行截水导排，采用砂袋作临时围堰，同时使用砖砌体进行上下游截水，砌体将导水管包含在一起，利用水管直接向下游导水。导水管采用 PE 管，支墩架设，支墩高度为 10cm，支墩间距根据内衬垫材料宽度确定，导流管直径初步设计为 DN600，管径大小可根据实际情况调整。砖砌管堵横、纵断面及单边围堰单边导流示意如图 14-7～图 14-9 所示。

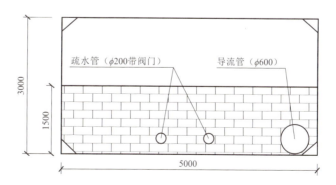

图 14-7 砖砌管堵横断面

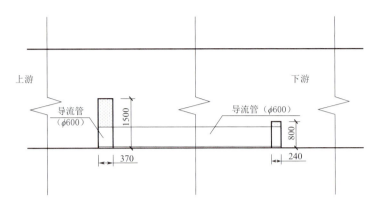

图 14-8 砖砌管堵纵断面

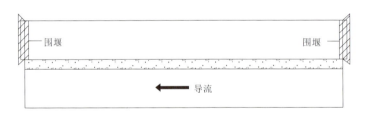

图 14-9 单边围堰单边导流示意

2. 箱涵清淤

对箱涵内泥沙、淤泥等杂物进行清理，用高压水枪对管道内壁进行冲洗，直至露出暗渠结构基面，并保持清洁。施工空间狭窄，无法采用大型机械清淤施工时，根据现场情况及淤泥杂物类别采用人工配合小型机械、吸污车、清洗车的方式进行作业。对于块头较大的石块或垃圾等，采用人工清淤装袋配合手推车外运的方式进行清淤，清淤作业工作如图14-10所示。

3. 堵漏处理

箱涵渗漏点较多，对于存在明水流动等严重部位需进行堵漏处理。堵漏采用化学注浆法，即在渗漏处钻孔，安装注浆嘴，注浆孔正对渗漏点及裂缝位置安装。注浆嘴间距设置为300～500mm，然后灌注聚氨酯浆液，进行快速堵漏处理，裂缝渗漏注浆修补示意图如图14-11所示。

对破损较大孔洞部位用砂浆进行修补处理，使箱涵结构基面平整牢固。墙面清洗及钢筋除锈如图14-12所示。

14 深圳市龙岗河流域箱涵高密度聚乙烯内衬垫(垫衬法)修复工程

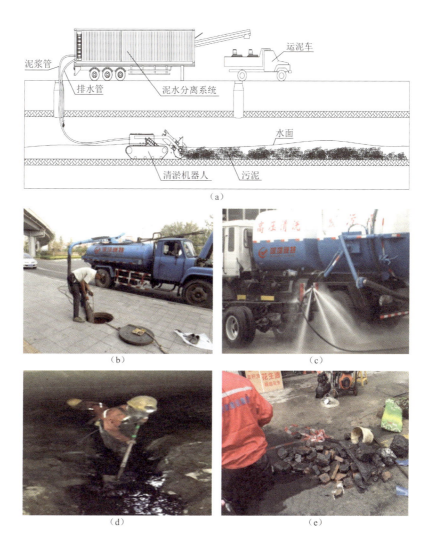

图 14-10 清淤作业工作

(a) 清淤作业示意图；(b) 吸淤车；(c) 清洗车；(d) 人工清淤；(e) 人工提泥

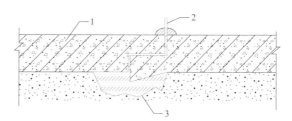

1—渠壁；2—注浆嘴；3—注浆液

图 14-11 裂缝渗漏注浆修补示意图

(a) (b)

图 14-12　墙面清洗及钢筋除锈

(a) 墙面清洗；(b) 钢筋除锈

14.3.4　衬垫施工安装

1. 固定垫片安装

按设计要求布置施工线，按要求将固定垫片用螺栓固定在箱涵内壁上，垫片根据箱涵规格分布，行间距按 800～1000mm 分布，列间距按 500～600mm 分布。

2. 内衬垫安装

根据箱涵尺寸裁剪材料，按先底部、后顶部或先顶部、后底部的顺序进行，尽量减小材料间的接缝，裁剪下料应预留 50mm 以上的焊接搭接宽度。

内衬垫材料下料尺寸根据现场安装位置提前进行实地测量，避免差错，并详细记录安装位置。材料在箱涵外部根据需求尺寸裁剪、打卷，从施工井吊至箱涵内部，运输至安装位置进行安装施工。

3. 内衬垫焊接

内衬垫铺设完成，及时用电焊机将内衬垫与固定垫片焊接固定。接着焊接内衬垫相邻之间的接缝。内衬垫大面积焊接时，尽量采用机械自动焊接，焊接前调试焊接温度与速度，以达到最佳焊接状态，保证焊接质量。

对于无法使用自动焊机焊接的部位，采用人工手持机械焊接。焊缝应平整、密实，不得有烧焦、鼓泡、漏焊等情况。

接缝的焊接质量可采用超声波进行检测，用超声波检测仪扫描时，可从耳机听到泄漏声或看到数位信号的变动，越接近虚焊漏焊点，信号越明显。发现不良位置可立即返工进行重焊处理，箱涵内衬垫安装示意图如图14-13所示、内衬垫安装如图14-14所示。

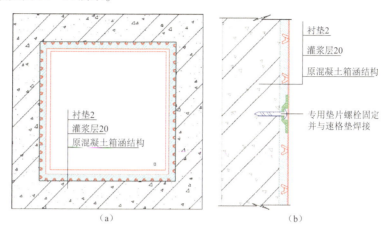

图14-13 箱涵内衬垫安装示意图

（a）平面图；（b）侧面图

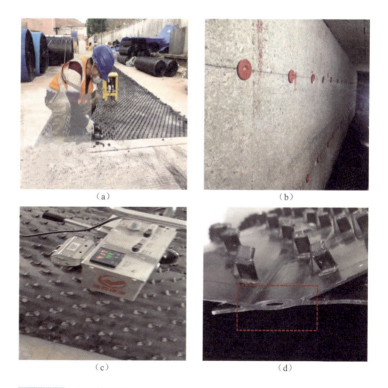

图14-14 内衬垫安装

（a）内衬垫预制打齿；（b）固定垫片安装；（c）焊接设备；（d）内衬垫双缝焊接

(e) (f)

图 14-14 内衬垫安装（续）

(e) 垫片与内衬垫焊接；(f) 直角压条固定

4. 注浆

内衬垫内衬材料安装完成后，两端头采用不锈钢压条及螺栓固定，中间填充密封垫进行密封，防止注浆时漏浆。

端口密封时预埋注浆管，注浆管分布在箱涵两侧及顶部，根据箱涵大小侧边分布 1~2 个注浆孔（注浆管），顶部分布 2~3 个注浆孔（注浆管）。在施工段的两端头均安装注浆管，从一端注浆时，另一端则作为排气孔以及注浆观察孔，以检查注浆进度与质量。

内部全面铺设模板，采用钢管、木方进行支撑。钢管搭设为满堂支架形式，以确保足够支撑注浆压力及材料本身重量。钢管按间距 500mm，步距 1000mm 搭设。可提前对支撑系统进行验算，以保证支撑结构安全，满足施工实际要求。

注浆材料根据要求进行制备，材料重量及用水重量应用电子秤进行称量，按要求进行配比后用搅拌机进行配制，每一次配料的搅拌时间为 5min 以上，不限浆料的多少。制备的浆料应立即进行注浆施工，停止注浆的过程中注浆料应在待浆桶内不停地搅动，防止固化，压力注浆如图 14-15 所示。

本工程注浆采用垫衬法移动智能修复车进行自动注浆，因箱涵位于地下，且施工段埋深约为 3~5m，垫衬法注浆空隙约 20mm 宽，具有连续性及整体性，可视为填充注浆，其注浆压力在 0.1MPa 即可满足要求。注浆时应先注两侧边及底部，后对顶部进行灌注，要按照先低后高、先两边后中间的注浆顺序进行，注浆孔分布示意图如图 14-16 所示。

本工程箱涵内衬分段施工，每个施工段为 30~50m，根据实际箱涵断面大小进行划分。

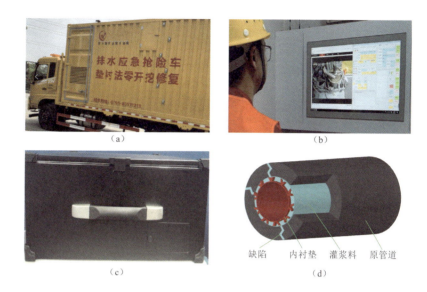

图 14-15 压力注浆

(a) 垫衬法移动智能修复车;(b) 程序自动控制制浆;(c) 注浆质量监测控制系统;
(d) 注浆料示意图

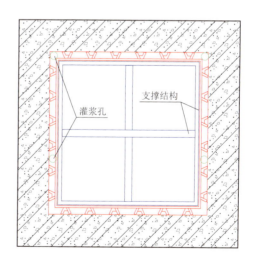

图 14-16 注浆孔分布示意图

5. 施工验收

注浆施工完成后,待浆料固化后拆除支撑结构。一般浆料固化时间为 8～10h。拆除支撑后进行质量检查,并形成报告文件,对修复后的效果进行评估(图 14-17)。

图 14-17 箱涵垫衬完工验收与修复效果图

(a) 完工验收；(b) 修复效果

14.3.5 技术创新

1. 材料

采用垫衬法对箱涵进行修复，其内衬垫材料表面光滑，曼宁系数 $n=0.009$，修复后能够有效减少藻类滋生，水阻小，并具有过流面积损失量小、耐腐蚀性好、抗渗性好、适应性强、施工效果好等特点。

2. 工艺

垫衬法施工修复工艺简单、工序少，操作简便，施工材料轻便，材料转运快，可以一次全断面衬垫施工，有利于缩短工期。施工用的内衬垫、注浆等材料较易采购，总体施工速度快，施工成本低。

3. 移动智能修复车

垫衬法箱涵修复创新地采用移动智能修复车进行施工，将设备与施工质量监测集中于移动智能修复车内，只需单个工人操作即可完成注浆料自动上料、自动搅拌、自动注浆、自动数据记录、自动评估全过程施工质量，实现箱涵修复施工自动化、智能化，提高施工效率及施工稳定性，保证修复质量。

4. 焊接设备

传统的内衬垫焊接设备为单缝焊接，质量检测复杂，且由施工人员手工操作焊枪，焊接速度慢，焊接质量受人员技术水平、施工经验及施工环境条件影响，稳定性难以保证。若修复的箱涵较长，单缝焊接无法从内部进行焊接质量检测，且单缝焊接需要去除重叠部分的锚固键,从而降低内衬管的拉拔力。

通过垫衬法焊接设备改进,能对表面有异形凸起物的内衬垫进行双缝焊接,代替人工操作,并且可不限长度、不限方向的自动焊接,大幅提升工程质量和速度,且两道焊缝之间空隙可作为焊接质量检测通道,向焊缝之间空隙充气或充水以检测焊接质量。

14.4 结论

本工程箱涵断面较大,目前箱涵内部修复主要采用钢筋混凝土内衬,钢板内衬、砂浆涂层等,本工程创新采用垫衬法修复箱涵,修复面积 4200 余平方米,工程质量满足要求,修复了箱涵原有渗漏、麻面腐蚀、裂缝等缺陷问题。与传统钢筋混凝土衬砌施工对比,垫衬法在大断面箱涵修复施工领域具有可保障箱涵过流能力、材料耐腐蚀性好、施工进度快等优点。为方便类似工程施工,根据本工程经验提出以下建议:

(1) 排水管涵及箱涵施工,应提前做好各种准备工作,特别是强制通风、排水导流等安全措施。本工程有效的排水导流措施,不仅保证了顺利施工,且在确保安全的情况下,不影响周边环境。类似的安全措施应在设计初期充分考虑,保证技术措施周全和预算足够。

(2) 箱涵施工为有限空间作业,宜采用分段施工,可多个班组分不同区域流水施工,保证施工进度的同时工程质量可控。

业主单位: 深圳市龙岗区水务局
设计单位: 中国市政工程中南设计研究总院有限公司
建设单位: 中电建生态环境集团有限公司、深圳市巍特环境科技股份有限公司
案例编制人员: 欧阳进、吴泽仁、李志豪

15 淄博市孝妇河中水管道螺旋缠绕内衬修复补强工程

15.1 项目概况

孝妇河湿地公园是山东省淄博市一个重要的文化休闲生态观光区,公园内经常举办各种演出活动,是当地老百姓休闲活动的公共场所。该公园中水管道建于 2016 年,沿孝妇河铺设于湿地公园地下,沿途依次穿过范阳河、胶济客运专线孝妇河大桥、胶济线孝妇河大桥、原山大道孝妇河大桥,至黄土崖拦河闸下游,全长 4.852km,埋深 6~8m。管道为 HDPE 钢带缠绕波纹管,管径 DN1800,设计流量 $3.5m^3/s$,主要用于输送污水处理厂处理后的中水,兼具排放公园河道存水及汛期排洪等功能,孝妇河中水管道平面布置如图 15-1 所示。

该管线运行至今,缠绕管部分钢带出现锈蚀,部分管段接头处出现渗漏,管壁出现开裂、穿孔,管道整体上存在安全隐患,影响湿地公园的水量调度。同时管线紧靠河边,地下平均水位高达 5.6m,地下水压力大,地下水从管道接头处渗入管中,管周覆土随地下水被带入管道,造成土壤流失,产生地面塌陷。

为解决该问题,管线已进行多次修复,已采用修复工艺包括:内衬玻璃钢管法、内衬钢板法、外灌水泥砂浆法等,均未解决根本问题。

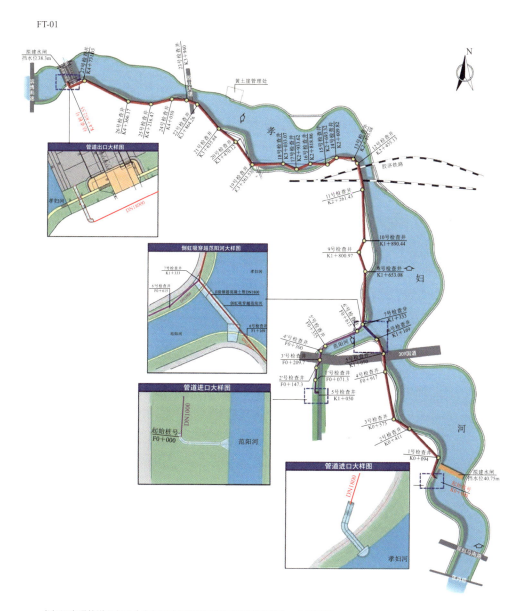

孝妇河旁通管道工程分为孝妇河旁通管和范阳河旁通管两部分，主要工程内容为：

（1）孝妇河旁通管：设计流量3.5m³/s，沿孝妇河左岸铺设DN1800钢带增强聚乙烯螺旋波纹管4.852km；管道进口设置拦砂坎、箱涵、拦污栅和闸门；采用倒虹吸穿越范阳河，长164m，进出口设置检查井；在桥下钺台下敷设管道穿越309国道、胶济铁路和原山大道；管道沿线设置检查井27个。

（2）范阳河旁通管：设计流量为1m³/s，沿范阳河左岸敷设DN1000钢带增强聚乙烯螺旋波纹管717.3m；管道进口设计八字形进口、箱涵、拦污栅和闸门；桥下敷设管道穿越309国道；管道沿线设置检查井6个。

图 15-1 孝妇河中水管道平面布置图

基于原管线的运行状况，小范围修补已不能解决问题，需要对管线进行整体修复更新，由于原管线的结构损伤较多，在管线修复的同时，还要进行结构性补强，增加管道的环刚度和结构强度。

2021年，受淄博市生态水系建设指挥部办公室委托，由五行科技股份有限公司对孝妇河中水管道进行了补强更新，采用非开挖技术对原管道进行整体结构性修复，一举解决了原管道存在的渗漏及结构性安全问题，取得了良好的经济、社会效益。

15.2 技术方案

根据地勘报告及现场勘查，原管道埋深6～8m，全长4.852km，管径DN1800，属于超大口径的地下重力排水管道。此外，该管道埋深较深，土方工程量大，因此管道更新可优先选用非开挖修复更新技术。经技术经济性分析比较，选用机械制螺旋缠绕内衬技术。

15.2.1 技术原理

机械制螺旋缠绕内衬技术是在旧管道内部将带状型材通过压制卡口不断前进形成新的固定口径内衬管，缠绕过程中型材公母锁扣结构互锁，将不锈钢钢带压在互锁处，确保结构的完整性和防水性。缠绕完成后，在新旧管之间的环状间隙注入结构性水泥浆。内部的硬聚氯乙烯（PVC-U）型材、外侧的304不锈钢带和结构性水泥浆共同形成一个高强度的复合结构管，大幅增强了管道的环刚度、结构稳定性及工作使用年限，螺旋缠绕内衬卡扣结构示意图如图15-2所示。

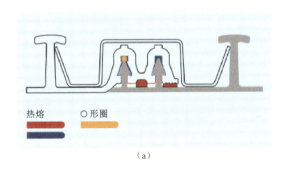
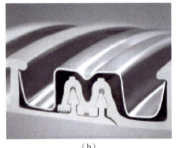

（a） （b）

图15-2 螺旋缠绕内衬卡扣结构示意图

（a）结构简图；（b）结构三维示意图

15.2.2 工艺和材料特点

1. 主要工艺特点

（1）可带水施工。机械制螺旋缠绕内衬技术可在管道低水位（30%）的情况下进行带水作业，对于地下水位较高、管道内有积水的市政排水管道，机械制螺旋缠绕内衬技术提供了更加便捷、高效的整体修复解决方案；

（2）可修复口径范围广。钢塑加强型螺旋缠绕修复圆形管道可适用管径 DN600～DN3000；

（3）强度高。可按照独立结构管设计，环刚度高，可代替原有失效管道承受外压，延长管道使用寿命。原管道与新管道之间使用高强度水泥填充，使新旧管道形成 PVC‐U、钢带、水泥加强的复合结构管；

（4）施工安全。全机械化安装过程，考虑排水管道内部安装环境差，采用机械作业更具有安全性。

2. 主要材料特点和性能

螺旋缠绕材料选用不含增塑剂的 PVC‐U 树脂为原料，除具有一般 PVC 的特性外，还具有耐酸、碱、盐等腐蚀的优点。该材料的柔韧性好，在荷载作用下能产生屈服而不发生破裂。此外 PVC‐U 管内壁光滑、阻力小，可减少管道修复后的缩径对管道过流能力的影响。

（1）管材内壁光滑平整，曼宁系数 $n=0.009$（普通混凝土管曼宁系数 $n=0.013$，腐蚀严重钢管曼宁系数 $n=0.015$）；

（2）外侧有 T 形加强筋，通过背部的筋条，增强了螺旋内衬环刚度；

（3）双锁扣设计，锁扣是机械制螺旋缠绕内衬技术的关键，影响管道设计使用年限内机械扣压的可靠性以及管道的密封性；

（4）预置两道密封胶和两道热熔胶，现场缠绕施工时物理咬合，保障了双锁扣的止水密封效果；

（5）管外壁有 W 形钢带加强，起到结构补强作用。

15.2.3 材料计算

原管道实测最小内径 1730mm，修复最大缩径不超过 10%，采用设计直径 DN1600 钢带增强机械螺旋法进行管道整体结构性修复，内径 1550mm。

（1）螺旋工艺 PVC‐U 型材规格：91‐25；增强钢带：304L 不锈钢，1.2mm

厚；水泥浆：水泥强度国标 325。

（2）内衬管道刚度系数设计复核计算：

本工程采用《城镇排水管道非开挖修复更新工程技术规程》CJJ/T 210－2014 中第 5.2.4 条，第 3 款，当采用内衬管贴合原有管道机械制螺旋缠绕法结构性修复时，最小刚度系数应按下式计算：

$$E_L I = \frac{(q_t N/C)^2 D^3}{32 R_w B' E'_s}$$

同时，按照《城镇排水管道非开挖修复更新工程技术规程》CJJ/T 210－2014 中第 5.2.4 条，第 1 款，采用内衬管贴合原有管道机械制螺旋缠绕法半结构性修复时，内衬管最小刚度系数应按下列公式计算：

$$E_L I = \frac{P(1-\mu^2)D^3}{24K} \times \frac{N}{C}$$

式中 E_L——内衬管的长期弹性模量（MPa）；

I——内衬管单位长度管壁惯性矩（mm⁴/mm）；

D——内衬管平均直径（mm）；

q_t——管道总的外部压力（MPa），包括地下水压力、上覆土压力以及活荷载；

R_w——水浮力系数，最小取 0.67；

B'——弹性支撑系数；

E'_s——管侧土综合变形模量（MPa），可按现行国家标准《给水排水工程管道结构设计规范》GB 50332 的规定确定；

C——椭圆度折减系数；

N——安全系数，取 2.0；

P——内衬管管顶地下水压力（MPa），地下水位的取值应符合现行国家标准《给水排水工程管道结构设计规范》GB 50332 的有关规定；

K——圆周支持率，取值宜为 7.0；

μ——泊松比，取 0.38。

经计算，内衬设计最小刚度系数为 3.95×10⁶ MPa·mm³，如表 15－1 所示。

内衬设计最小刚度系数计算　　　　表 15－1

管道总外部压力，包括地下水压力、上覆土压力及活荷载（MPa）	安全系数	椭圆度折减系数	内衬管平均直径（mm）	水浮力系数	弹性支撑系数	管侧土综合变形模量 MPa
q_t	N	C	D	R_w	B'	E'_s

续表

管道总外部压力，包括地下水压力、上覆土压力及活荷载（MPa）	安全系数	椭圆度折减系数	内衬管平均直径（mm）	水浮力系数	弹性支撑系数	管侧土综合变形模量 MPa
0.13	2.00	0.84	1550.00	0.81	0.58	5.87
最小刚度系数计算	3.95×10^{6}	\multicolumn{5}{c}{$MPa \cdot mm^{3}$}					

按照《城镇排水管道非开挖修复更新工程技术规程》CJJ/T 210-2014 中第5.2.4条，第5款公式进行最小刚度系数复核，经计算最小刚度系数为 $1.46\times10^{6}\,MPa \cdot mm^{3}$，最小刚度系数复核如表15-2所示。

最小刚度系数复核　　　　表15-2

D_0	D	h	$\bar{y}$	K	μ	N	q	C	P
1550	1516.4	25	8.2	7	0.38	2	2	0.836	0.034335
最小刚度系数计算	1.46×10^{6}				$MPa \cdot mm^{3}$				

91-25型材+1.2mm螺旋内衬管的刚度系数检测结果为 $8.53\times10^{6}\,MPa \cdot mm^{3}$，大于计算要求的最小值 $3.95\times10^{6}\,MPa \cdot mm^{3}$。根据结构设计要求，内衬管道管材刚度系数不小于 $8.0\times10^{6}\,MPa \cdot mm^{3}$，设计方案满足计算及结构设计的最小刚度要求。

15.3 实施情况

15.3.1 管道检测与评估

项目组进行了现场勘查，理清了原管道的排布、走向、缺陷等情况。管道沿着孝妇河铺设，管线上方为淄博孝妇河湿地公园，周边地下水位高，管道周边存在高流动性水砂，导致管道结构失稳、接头渗漏，存在外水内渗、水土流失、地面塌陷的风险。项目组先借助CCTV机器人对管道内部进行探测，然后由专业人员进入管道进行勘查，CCTV机器人探测及人工勘查如图15-3所示。管道主要缺陷包括：接口渗漏、管道钢带锈蚀、管道夹层进水鼓包等，存在200多处漏水点，100多处接口渗漏，10多处管壁开裂，此外还有错位和脱节等情况，管道内部缺陷如图15-4所示。且原管道为聚乙烯钢带波纹管，管道中钢带腐蚀严重，正不断扩散，导致管道整体环刚度下降，带来坍塌风险，因此需要对管道进行结构性补强。

图 15-3　CCTV 机器人探测及人工勘查

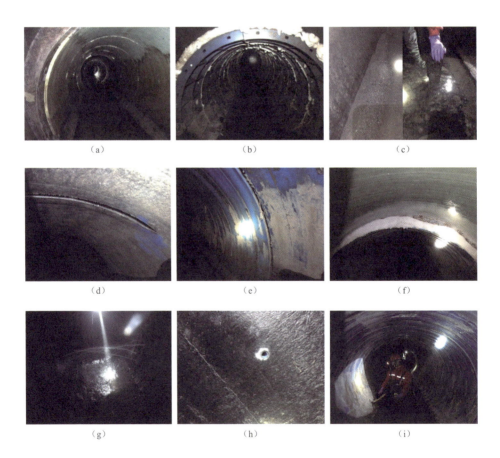

图 15-4　管道内部缺陷情况

(a) 玻璃钢修补；(b) 钢结构修补；(c) 砂石淤积；(d) 开裂；(e) 脱节；(f) 错位；(g) 接缝漏水；(h) 渗漏；(i) 变形

15.3.2 材料准备

螺旋缠绕管带状型材的原材料是专用聚氯乙烯树脂颗粒，与用于生产普通雨污水管道的聚氯乙烯材料相似，其树脂颗粒性能指标符合美国《硬质聚氯乙烯（PVC）化合物及氯化聚乙烯（PVC-C）化合物标准》ASTM D1784 第13354条要求。型材的生产和制作也严格遵循美国《用于污水管道更新的机制螺旋缠绕衬管的聚氯乙烯带状型材标准》ASTM F 1697 标准。

所有用于缠绕管成形的专用聚氯乙烯型材样品均被送往多家检测中心进行耐化学腐蚀性、耐磨和抗冲击性、表面粗糙度等测试。

（1）耐化学腐蚀性。为了确定型材材料的抗化学性能，样品按照美国《有关塑料材料抗化学介质标准》ASTM D543 标准进行测试，所有样品经检验后测试合格。

（2）耐磨和抗冲击性。按照美国《硬质聚氯乙烯（PVC）化合物及氯化聚氯乙烯（PVC-C）化合物标准》ASTM D1784 进行试验，以评估其抗冲击能力。试验结果显示，型材的耐磨性与常见的聚氯乙烯管材相当，并且其结构强度在一定条件下超过传统混凝土管。另一方面，型材进行了在0℃冷水环境下的抗冲击试验，以及在超过正常水压条件下短期和长期荷载试验。这些测试证明了螺旋缠绕管在多种机械负载下均能满足抗磨损和抗冲击的标准需求。

（3）表面粗糙度。该管材的管壁粗糙度和摩擦系数指标测试结果显示，螺旋缠绕管的曼宁系数为 $n=0.009$。经计算，本工程排水管道修复后能确保排水能力，满足管道疏通养护要求，延长管道的使用寿命并提升其输送效率。

在工厂通过将 PVC-U 预制成特殊结构的带状型材，型材两边设有公母扣结构，在公母槽中预置热熔胶条，用于现场缠绕成型，型材剖面图如图 15-5 所示。

15.3.3 管道预处理

原管道内部部分局部修复采用内衬钢板法，修复段的管道缩径比较大，如果采用整体式螺旋修复方式（从井口到井口），整体管道的口径损失将更大，部分管段口径将减少至 1400mm 左右，过流断面大幅减小，影响管道流通能力。所以，对于钢板内衬管段，直接做整体拆除处理，恢复原管道管径。

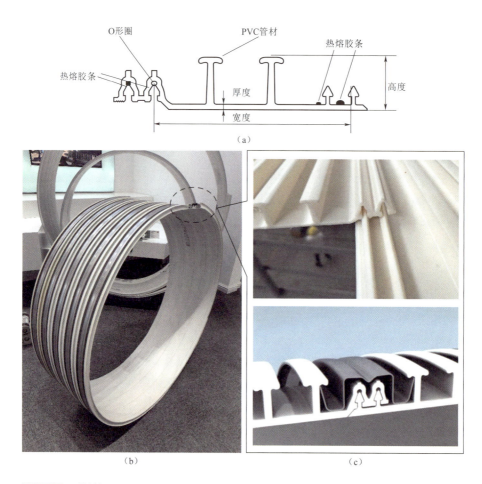

图 15-5 型材剖面图

(a) 型材结构；(b) 型材外形；(c) 型材剖面

管道周边地下水位高，地下平均水位高达 5.6m，尤其是蓄水时期，受地下水压的影响，管道接口、破损处外水内渗非常严重。尽管螺旋管修复技术能带水作业，但过大的渗漏会使施工过程中存在安全与质量隐患。因此，需采取措施控制渗漏，确保后续修复工作的顺利进行。

接口是原管道渗漏的主要部位，对于严重的接口渗漏或环向渗漏，采用双胀环进行局部修复，双胀环如图 15-6 所示；对于点状渗漏，使用止水针+止水螺丝直接封堵；对于线状或连续渗漏，使用空隙注浆方式注入速干水泥及水玻璃混合封堵。通过以上预处理措施，保障螺旋施工安全与工程质量。

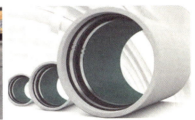

图 15-6 双胀环

15.3.4 现场施工

1. 设备准备

现场主要借助排水管道的人孔井进行施工，在人孔井周边圈布置一个 $10m^2$ 左右的施工场所，将钢带成型机、缠绕型材卷自动架等装置按施工要求吊装到位，在井下管口处组装施工固定口径的螺旋缠绕成型装置，施工装置吊装如图 15-7 所示。

图 15-7 施工装置吊装

2. 缠绕成型

螺旋缠绕成型装置安装在起始人孔井内，在机器的驱动下，PVC-U 带状型材和钢带不断被卷入缠绕装置，通过螺旋旋转，使 PVC-U 带状型材公母锁扣互锁，同时将不锈钢钢带压在锁扣处，直到螺旋内衬新管到达另一人孔井后，缠绕成型过程停止，缠绕施工示意图及缠绕装备如图 15-8 所示、现场施工如图 15-9 所示。

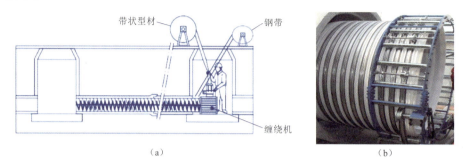

图 15-8　缠绕施工示意图及缠绕装备

(a) 缠绕施工示意图；(b) 缠绕设备

图 15-9　现场施工

3. 环状间隙注浆

待螺旋缠绕管全部制作完成，并内衬于原管道中后，在内衬管与原管道之间的缝隙内灌注补强水泥，使整个管道形成 PVC-U、钢带、水泥加强的复合结构。至此，整个管道的修复补强工程完成，混凝土注浆示意图如图 15-10 所示。

4. 施工质量检查

工程质量检查主要包括：外观检查、渗漏检查、环状间隙注浆完整度检查等。

(1) 外观检查。采用 CCTV 检测机器人及人工检查的方式进行外观检查，确认螺旋内衬管内表面无明显的损伤、瑕疵、隆起和未完全修复的部分。确认螺旋内衬管的每一部分都紧密相连，无错位或薄弱环节。

(2) 渗漏检查。根据 CCTV 检测机器人及人工检查，内衬管道内无滴漏和线流现象。

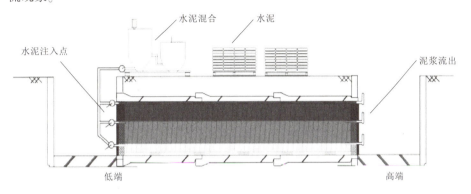

图 15-10 混凝土注浆示意图

(3) 环状间隙注浆完整度检查。专业人员进入管道，用锤子轻敲内衬管，根据敲击声音判断环状间隙的水泥浆是否存在空洞，对于出现空洞的情况，需采取管内注浆的方式进行补浆，保证整个环状间隙注浆完全。

(4) 荷载测试。取样送检，测试管道的裂缝荷载和破坏荷载。检测结果显示，裂缝荷载达到了 141.8kN/m，破坏荷载达到了 182.8kN/m，表 15-3 为施工图要求的裂缝荷载和破坏荷载，检测结果均满足要求。这表明修复后的管道结构强度得到了增强，检查环状间隙注浆完整度如图 15-11 所示，更新后的管道内壁如图 15-12 所示。

施工图要求的裂缝荷载和破坏荷载　　　　表 15-3

成管管径（mm）	外压要求（kN/m）	
	裂缝荷载	破坏荷载
DN1550～DN1650	124	158

图 15-11 检查环状间隙注浆完整度

图 15-12　更新后的管道内壁

15.4　结论

项目有效解决了孝妇河上游的中水排水管渗漏问题，保障管道周边环境不受影响，因渗漏导致的地下空腔现象也不再继续发展，具有明显效益。原管道经过内衬修复增强后，从根本上解决了渗漏、变形及结构安全破坏等问题，管道变形和坍塌的风险得到了控制，且由于内衬管道内壁光滑，输水能力得到保证。

该机械制螺旋缠绕内衬技术具有整体修复、施工工艺简单、预处理要求低、材料抗腐蚀等特点，能够解决地下排水管道存在的功能性、半结构性、结构性缺陷，在市政污水管道、市政雨水管道、大口径排水管道修复治理等领域具有广阔的应用前景。其创新点如下：

（1）全新结构管道：采用水泥层+钢带增强 PVC–U 缠绕管的复合结构，具有独立承载能力，达到管道更新效果，延长管道的工作使用年限；

（2）密封性好：内衬管由型材现场制作而成，管道中间无接口，且型材的锁扣结构处设有密封胶，确保内衬管的密封性，减少内水外漏和地下水入渗风险；

（3）耐腐蚀、柔韧性好：管壁材料采用 PVC–U 材料，耐酸碱腐蚀，内衬管属柔性管，耐一定程度变形，适用性好；

（4）可带水施工：可带水作业，简化施工预处理流程，节约工期并减少引流、注浆、防渗等成本。

业主单位： 淄博市生态水系建设指挥部办公室
设计单位： 淄博市水利勘测设计院有限公司
建设单位： 五行科技股份有限公司
案例编制人员： 秦庆戊、徐宏卫、马立旺、滕燕飞、李玲